彩色
全图解

注塑模具结构设计实战

ZHUSU MUJU
JIEGOU SHEJI SHIZHAN

楚燕 著

U0230756

 化学工业出版社
·北京·

图书在版编目（CIP）数据

注塑模具结构设计实战：彩色全图解 / 楚燕著 .—北京：化
学工业出版社，2019.3（2025.5重印）
ISBN 978-7-122-33610-1

Ⅰ．①注…　Ⅱ．①楚…Ⅲ．①注塑 - 塑料模具 - 结构设
计　Ⅳ．① TQ320.66

中国版本图书馆 CIP 数据核字（2019）第 000965 号

责任编辑：贾　娜
责任校对：王鹏飞　　　　　　　　　装帧设计：刘丽华

出版发行：化学工业出版社（北京市东城区青年湖南街 13 号　邮政编码 100011）
印　　装：北京建宏印刷有限公司
787mm×1092mm　1/16　印张 14　字数 345 千字　2025 年 5 月北京第 1 版第 9 次印刷

购书咨询：010-64518888　　　　　　售后服务：010-64518899
网　　址：http://www.cip.com.cn
凡购买本书，如有缺损质量问题，本社销售中心负责调换。

定　　价：98.00 元　　　　　　　　　　　　　版权所有　违者必究

前言

在现代工业发展的进程中，模具的重要性日益被人们所认识，模具工业作为原动力之一，正推动着工业技术行业向前迈进。塑料制品质量的优劣及生产效率的高低，模具因素约占 80%。塑料模具的设计技术与制造水平，在一定程度上代表着一个国家工业发展的程度。近几年，软件产品的升级和外挂的普及，在很大程度上提高了模具设计的效率，然而，从模具绘图员到真正的模具设计师，中间还有很长一段路要走。模具结构设计，便是成为模具设计师必须跨过的一个重要门槛。一个产品，其模具结构如何实现？这是模具成功的首要条件。

一些入行不久、经验尚浅的模具设计师很多时候搞不清楚产品某位置到底该用什么样的结构，感觉同一个地方有好几种方式都能做出来，具体用什么方式，却难以定夺。造成这种情况的主要原因是没弄清楚各结构的优缺点，不明白相似的结构之间有何不同之处，不同情况之下哪种结构更适合，而各结构的稳定性又是怎么样的，等等。

模具结构之间应该是相通的，结构与结构之间是通过演变得来的，在模具结构的选用上，不应该是这样做可以，那样做也行。但凡采用的结构做法，均应有据可查。鉴于此，本书把模具结构单独拿了出来，对其动作原理和设计规范等内容做了详细讲解。

笔者经过在注塑模具行业十几年的积淀，在从按键手机模具，到汽车、家电等模具的设计和指导设计中积累了大量的经验，经过总结，把一些看似没有章法的东西，以一个较为系统的框架做了定义和规范。本书归纳了目前注塑模具行业典型和常用结构，舍弃了一些老旧的、风险性较高的结构，采用了相对成熟的结构和做法。在实际设计中，确定产品某处需要用某种结构时，可快速从本书中找出该结构的做法，并且知道其优缺点在哪里，以及如何规避容易犯错的地方。

本书归纳的所有结构均来自笔者曾经设计或指导设计过的模具，每个结构均在量产的模具上进行过验证。

本书对模具行业从业者尤其适用，在实际生产过程中，可直接参考套用。由于是一线实践经验的总结，也可供大学院校相关专业的师生学习参考。

本书由楚燕著，在写作过程中，得到了挚友王雪松的支持与鼓励，以及为本书提供的宝贵意见，在此表示衷心的感谢！

由于作者水平所限，书中内容难免有疏漏、不足之处，敬请批评指正。

著　者

目录

第3章 顶出和复位系列结构 / 34

第5章 斜顶侧向抽芯系列结构 / 145

第6章 抬芯系列结构 / 159

第7章 内滑块和缩芯系列结构 / 169

第 8 章　螺纹模结构 / 185

第 9 章　圆弧抽芯结构和包胶模具 / 201

第1章

基础结构和动作控制机构

1.1 模具弹性配件的选用

模具弹性配件一般指具有弹性功能的零配件，如：弹簧、弹簧胶、氮气弹簧等。这类零件功能相似，都是运用其在外力作用下可以自由伸缩的这一特性。但是由于各自性能不同，所以用法不一。

1.1.1 弹簧

模具中使用的弹簧主要指螺旋弹簧，如图1-1所示。根据横截面形状不同，螺旋弹簧可分为扁线螺旋弹簧［见图1-1（a）］和圆线螺旋弹簧［见图1-1（b）］。

由于圆线螺旋弹簧只能提供较小的弹力，所以，扁线螺旋弹簧在模具中的应用更多一些。

根据压缩量的不同，扁线螺旋弹簧又分为超压缩量、高压缩量、中压缩量、轻小载荷、轻载荷、中载荷、重载荷、超重载荷等类型。压缩量越大，所能提供的弹力越小。

超压缩量、高压缩量、中压缩量这三种类型弹簧，由于所提供的弹力太小，所以在模具中一般不用。模具中常用的是轻小载荷、轻载荷、中载荷三种类型。

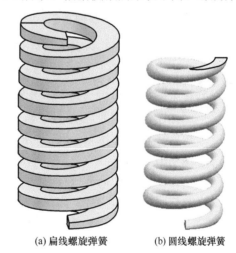

(a) 扁线螺旋弹簧　　(b) 圆线螺旋弹簧

图1-1　螺旋弹簧

为方便识别，在实物中，各不同压缩量的弹簧，外观颜色不同，模具常用的螺旋弹簧如表1-1所示。

弹簧所提供的力是柔性力，随着弹簧压缩量的增加逐渐加大，初始力跟压并状态的力相差很大。

使用范围　顶针板复位、辅助模具开模、滑块限位等。

选用标准　模具在完全闭合的状态下，因使用的位置不同，弹簧有两种不同的状态。

表 1-1　模具常用螺旋弹簧

外观					
类型	轻小载荷	轻载荷	中载荷	重载荷	超重载荷
颜色	黄色	蓝色	红色	绿色	棕色
压缩比	0.4~0.5	0.32~0.4	0.26~0.32	0.19~0.24	0.16~0.2

注：从左到右，弹力递增。

① 预压状态。指弹簧预压缩的状态，常见于顶针板的复位弹簧。

② 压缩状态。指弹簧压缩到所需行程的状态，常见于辅助滑块限位的弹簧。

模具设计在选用弹簧时，唯一的判断标准是，弹簧的弹力是否能保证模具顺利生产。模具中用得最多、最需要注意的是顶针板复位弹簧和滑块限位弹簧，当弹簧作为辅助开模时，没有太多的限制。

为保证顶针板能顺利复位，复位弹簧在预压状态下的弹力应大于顶针板自重的 2.5 倍。

滑块使用弹簧限位时，天侧滑块应取滑块自重的 2~2.5 倍数值，其他方向滑块，弹簧预压状态的弹力不小于滑块自重即可。

参数计算　无论上述哪种状态，其计算方式都一样，均使用以下公式计算。

$$弹簧总长＝（行程＋预压量）/ 压缩比$$
$$弹簧载荷＝弹簧的刚度 × 压缩量$$

式中　弹簧总长 ——自由状态下弹簧的长度；

　　　　行程 ——需要运动的距离，根据模具中实际需要而定；

　　　　预压量 ——预压缩长度，一般取值为总长的 10%；

　　　　压缩比 ——是一个系数，取值不同，弹簧的使用寿命不同，该值可在各配件供应商的资料上查询；

　　　　弹簧载荷 ——可以理解为弹簧的弹力；

　　　　弹簧的刚度 ——弹簧的弹力增量跟其变形增量的比值。可以理解为每增加 1000N 的力跟弹簧的压缩长度之比。该值可在配件供应商的资料上查得。

　　　　压缩量 ——弹簧压缩的长度。

应用实例　顶针板复位弹簧计算（以龙记 CI3030 标准模架为例）

假设　顶针板所需顶出行程为 30mm，顶针板重 18.5kg，回针直径 20mm，弹簧使用寿命不低于 50 万次。那么，该选用多大直径、多长的弹簧呢？

解　根据上述公式可得

$$弹簧总长＝（30+15）÷0.36=125（mm）$$

4 个弹簧预压状态下的载荷＝ 42.2×15×4 = 2532（N）　2532N≈258.19kgf

顶针板重量的 2.5 倍 =18.5×2.5=46.25（kgf）<258.19（kgf）

注：kgf 是千克力，意思是 1kg 重的物体在地球上所受的地心引力大约是 9.8N。1kgf=9.8N，1N≈0.1020kgf。为了方便计算，常常取 0.1。

根据计算结果，我们使用直径 40mm、长度 125mm 的蓝色弹簧比较合适。

这个是怎么计算的？式中的值是怎么来的？接下来详细讲解一下。

顶针板弹簧，从经济效益和空间占用来讲，应首选弹簧直接安装在回针上。因此，弹簧内径略大于回针即可，由标准件资料可以查得，直径 40mm 的弹簧内径是 20mm，由于弹簧内径是正公差，所以，选用直径 40mm 的弹簧能顺利安装上去。

弹簧使用寿命不低于 50 万次，那么，它的压缩比不能大于 36%。这是配件供应商给出的大约值，不是极限值，所以，可以直接按 36% 来计算。

已知行程是 30mm，压缩比是 36%。我们还需要一个预压值，才能知道弹簧总长，前面说过，预压量一般取弹簧总长的 10%。而我们还不知道总长是多少，这好像陷入了一个死角。怎么办？

这时，我们需要先假定一个预压值，来演算出弹簧长度。

假设没有预压，直接用 30÷0.36≈83（mm）。代表着弹簧长度肯定不会小于 83mm。按照假定，预压值应取 83×0.1=8.3（mm）。

预压只取整数，接近 8.3 的整数值是 10，所以按 10 来计算，把这些值代入公式，可以得出以下结果：

$$弹簧总长 =（30+10）÷0.36≈111.11（mm）$$

最接近总长 111.11mm 的弹簧是 125mm 规格（弹簧是标准件，长度标准在配件供应商的资料上可查）。所以，我们应使用长度为 125mm 的弹簧，再根据这个结果，反推出预压。

$$弹簧预压 =125×0.36-30=15（mm）$$

根据供应商资料可以查出 ϕ40×125 的蓝色弹簧刚度是 42.2，根据刚度，即可计算出载荷值。

1.1.2　弹簧胶（又称优力胶）

弹簧胶（图 1-2）是一种介于橡胶跟塑料之间的材料，既有橡胶的弹性，又有塑料的刚性。它可以提供较大的弹力，但压缩行程较短。弹簧胶主要用于在模具中需要提供相对较大弹力、但行程不需要太长的情况下。

由于弹簧胶占用空间小，耐磨性好，提供的弹力较弹簧要大，故作为辅助开模时，弹簧胶比弹簧更好用。

使用范围　大力小行程辅助开模，改变开合模顺序等。

设计规范（图 1-3）

D 根据模具大小选择，无强制性要求，适中即可。

A 取值 5 ～ 10mm。

B 取值 20 ～ 25mm。

C 取值 4 ～ 6mm。

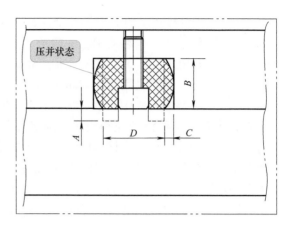

压并状态

图 1-2　弹簧胶　　　　　　　　　图 1-3　弹簧胶安装示意图

1.1.3　氮气弹簧

氮气弹簧（图 1-4）目前在模具领域应用得非常广泛，它是将高压氮气充入缸体，靠柱塞活动来实现其功能的。

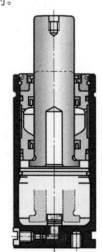

氮气弹簧在性能上有着金属弹簧或弹簧胶无法替代的优势。它具有弹力足、行程大、稳定性好、制造精密等优点，常用于模具中对弹力和行程要求比较大的场合。

氮气弹簧主要分为 ISO 国际标准型、结构紧凑型、超紧凑型、微小型几类，根据模具结构和空间，直接在供应商提供的资料上选择需要使用的型号即可。

设计规范

① 氮气弹簧必须固定在模具上，其固定方式有多种，详细可参考供应商提供的资料。

② 柱塞顶部的接触面应完全贴合模板，不能让它自由空回位，否则非常容易损坏。

图 1-4　氮气弹簧

因此，氮气弹簧工作到底时，必须要有预压缩，预压缩 3 ～ 5mm 即可。

③ 氮气弹簧不能偏载，工作时的垂直度不能大于 0.15°，应保证氮气弹簧柱塞活动方向跟开模方向的平行度，也要注意模具本身倾斜或安装面的斜度。

④ 氮气弹簧正常工作温度在 0 ～ 80℃，超过会影响其使用寿命。

⑤ 行程越长，直径越大，价格越贵，所以，一般都选择跟所需行程最接近的型号。

1.2　常见开合模顺序控制机构

模具结构设计中，因结构动作需要，往往要控制模具各板之间开合模的先后顺序，不同的顺序控制机构，实现的先后顺序不同，本节介绍几组常用的开合模顺序控制机构，供设计时选择。

1.2.1 开模顺序控制机构（一）

开模顺序控制机构（一）如图 1-5 所示，应用实例如图 1-6 所示，开模动作原理如图 1-7 所示。

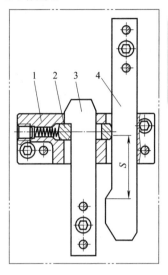

机构说明：
　　这种控制机构属于限制某两块板必须在其他板开模后，再开模的机构。
　　如图 1-6 所示，模具要求 A、B 板必须在面板跟 A 板开模之后再开模。

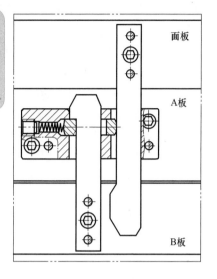

面板

A板

B板

图 1-5　开模顺序控制机构（一）
1—固定座；2—活动销；
3—拉钩；4—拨块；
S—开模行程

图 1-6　开模顺序控制机构（一）应用实例

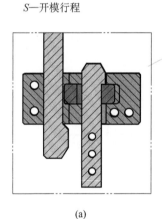

1. 合模状态下，各零件位置。

2. 拨块移动到预拨动活动销的状态。

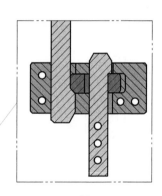

(a)　　　　　　　　　　　　　(b)

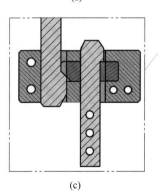

3. 拨块拨动活动销，让出拉钩移动空间。

4. 模具继续打开，拉钩脱离活动销，完成开模动作。

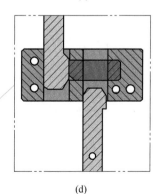

(c)　　　　　　　　　　　　　(d)

图 1-7　开模顺序控制机构（一）开模动作原理

■ 设计规范

① 为保证机构稳定运行，其运动方向应与开模方向平行。因此，拨块、拉钩、固定座，在模具上必须做好定位，一般做两个定位销，使其相对位置准确无误。稍大的模具，拨块和拉钩使用两颗以上螺钉固定，固定座使用 4 颗螺钉固定，小模具可使用两颗螺钉。

② 由于模具存在加工误差和模板厚度公差，机构必须在模具装配完成后，再由钳工师傅安装调配。

③ 为防止过早磨损，活动销应使用淬火料，其他零件可使用 P20 类材料氮化。

④ 由于加工误差、装配调试误差等因素，拉钩、活动销、拨块之间难免存在间隙，并且随着时间的推移，模具在生产过程中磨损，间隙会逐渐变大。若间隙会影响模具质量或模具安全时，必须慎重使用，或增加其他辅助机构，以保证模具安全。

⑤ 开模后拨块最好不要脱离固定座，让其保持压住活动销。因此，两块板之间应做好限位。

⑥ 若合模有顺序要求，必须配合合模顺序控制机构来完成。

1.2.2　开模顺序控制机构（二）

开模顺序控制机构（二）如图 1-8 所示，应用实例如图 1-9 所示，开模动作原理如图 1-10 所示。

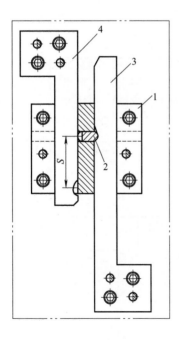

图 1-8　开模顺序控制机构（二）
1—固定座；2—活动销；
3—拉钩；4—拨块；
S—开模行程

机构说明：

　　这种控制机构跟开模顺序控制机构(一)功能基本相同，只是一种不同的做法。

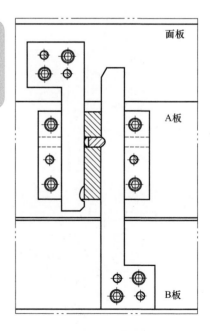

图 1-9　开模顺序控制机构（二）
应用实例

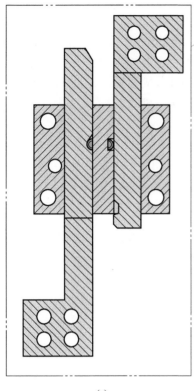

1.合模状态下的各零件位置。

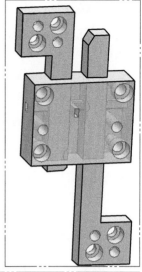

注意：活动销必须做挂台，以防拉钩脱离后掉落。

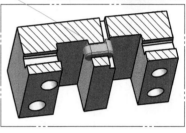

(a)

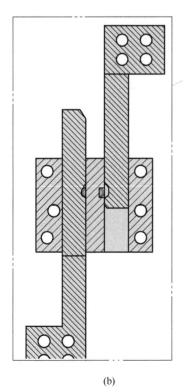

2.拨块移动到预设距离位置,让出空间,方便活动销退出。

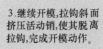

(b)

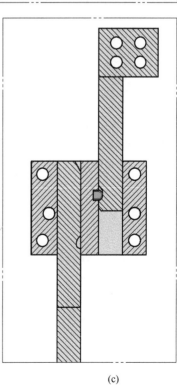

3.继续开模,拉钩斜面挤压活动销,使其脱离拉钩,完成开模动作。

(c)

图 1-10　开模顺序控制机构（二）开模动作原理

设计规范

① 开模时，拨块禁止完全脱离固定座，只能停留在预设的位置，因此，模具必须做好限位。

② 不同于开模顺序控制机构（一），该机构必须在拉钩插入固定座，并且顶面超过活动销后，拨块所在模板才能开始合模，否则会产生卡滞，影响合模动作。

③ 其他注意事项请参考开模顺序控制机构（一）。

1.2.3 开模顺序控制机构（三）

开模顺序控制机构（三）如图 1-11 所示，应用实例如图 1-12 所示。

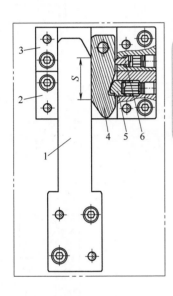

机构说明：
　　与前两种相比，该机构可以做到非常小的间隙，并且，随着模具生产磨损，可适当消除磨损间隙。
　　如图1-12所示，模具结构上要求必须A板跟推板之间先开模，然后，推板跟B板之间再打开。

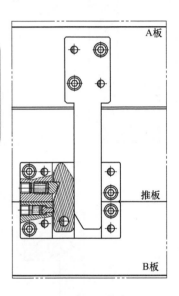

图 1-11 开模顺序控制机构（三）
1—挤块；2,3—固定座；4—拉钩；
5—活动销；6—顶针；
S—行程

图 1-12 开模顺序控制
机构（三）应用实例

开模顺序控制机构（三）开模动作原理如图 1-13 所示。

设计规范

① 拉钩被顶针顶开时，靠下面的角定位，设计时需注意旋转开的角度，保证开合模不干涉。

② 在小模具上使用时，固定座可以只做两颗螺钉和两个销钉。在中大型模具上使用时，应做 4 个螺钉。

③ 活动销与拉钩配合面的斜度，在 15°左右即可，最大不超过 20°。

④ 其他注意事项请参考开模顺序控制机构（一）。

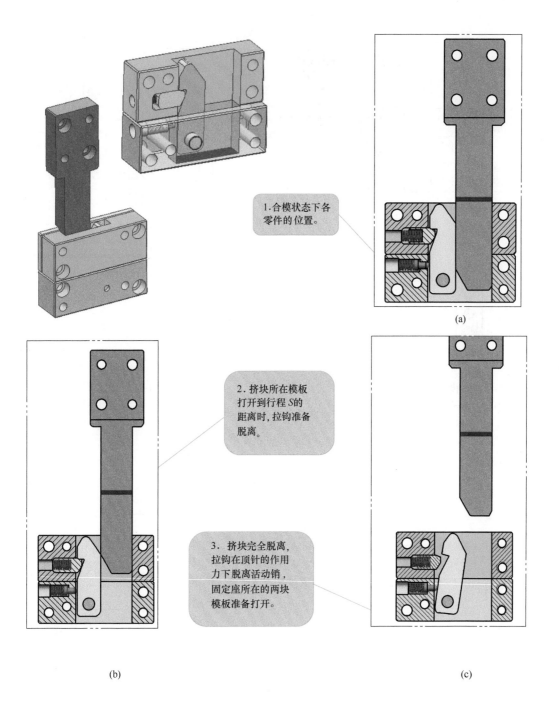

1.合模状态下各零件的位置。

2.挤块所在模板打开到行程 S 的距离时,拉钩准备脱离。

3.挤块完全脱离,拉钩在顶针的作用力下脱离活动销,固定座所在的两块模板准备打开。

(a)

(b)   (c)

图 1-13　开模顺序控制机构（三）开模动作原理

1.2.4　合模顺序控制机构

合模顺序控制机构如图 1-14 所示,应用实例如图 1-15 所示。

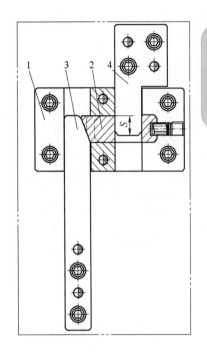

机构说明：
　　该机构是控制合模先后顺序的机构。
　　如图1-15所示，模具要求面板跟A板必须在A、B板合模后再合模。

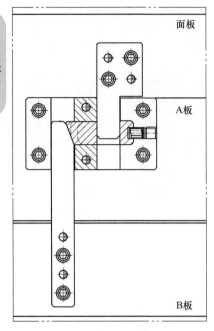

面板

A板

B板

图 1-14　合模顺序控制机构
1—固定座；2—活动销；3—铲基；
4—顶块；S—行程

图 1-15　合模顺序控制
机构应用实例

　　合模动作原理如图 1-16 所示。

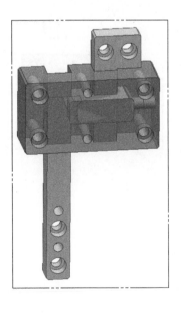

1.开模状态下，顶块和铲基均已脱离固定座，等待合模动作进行。

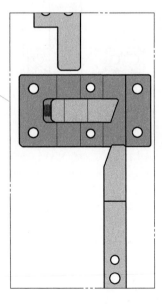

(a)

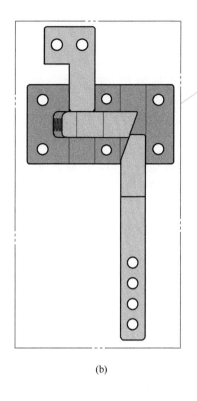

2.合模过程中,只要铲基所在模板和固定座所在模板没有合到位,顶块便会一直顶住活动销,使其保持打开状态。

3.铲基所在模板和固定座所在模板合到位,铲基迫使活动销回位,让出活动空间,顶块脱离活动销。模具继续顺利合模。

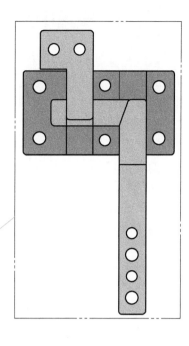

(b)　　　　　　　　　　　　　　　　　　(c)

图1-16　合模动作原理

设计规范

① 由于模具合模过程中顶块跟活动销有着较大的作用力,随着接触面积的减少,受力面会越变越小,导致角部过早磨损,甚至崩塌。所以,角部必须倒R角,但不宜过大,否则影响行程。

② 由于间隙和顶块角部R的影响,该机构在行程上不能做到百分之百准确,有可能会在合模还剩少许未完全合到位时,顶块把活动销挤回去。若因此存在撞模风险时,禁止单独使用此机构,可考虑加弹簧胶辅助,或改用氮气弹簧。

③ 考虑到机构间隙和行程,某些情况下,少许间隙不影响模具结构时,方可单独使用此机构。但建议增加弹簧胶或弹簧辅助,有备无患。

④ 为防止过早磨损,活动销应使用淬火料,其他件可使用P20类材料氮化。

⑤ 铲基、顶块、固定座都应做好定位。

总结

开合模顺序控制机构,在实际运用过程中,不同公司可能有不同的做法,但动作原理都类似,在实际设计过程中,不局限于某一种类型的做法,可根据实际情况选择应用。

从模具安全性和稳定性的角度来讲,合模顺序控制,能用氮气弹簧时,尽量使用氮气弹簧。因其能做到绝对无间隙,防止模板在其他模板未合模前被先压回的情况。从综合角度来讲,除了其价格稍微高了一点之外,使用性能方面均优于机械式结构。

1.3 模具中强脱的使用条件

强脱是强制脱模的简称，是为了简化模具结构，或因产品结构限制，对产品上某类型的倒扣、脱模处理的一种方式，该方法简单易用，但局限性比较大，在使用时，必须准确判断是否适用。

能否使用强脱，一般用以下几点进行判断。

（1）模具上必须要有足够的空间能让产品变形

如图 1-17 所示，箭头处产品上有 R 角，模具分型面刚好包住 R 角，产品在强脱时，会往外变形，而此 R 角处的胶位面刚好挡住产品，阻止产品变形。这时强脱会拉坏产品，影响产品质量。

若改成如图 1-18 所示结构，便有足够的空间让产品变形，即可顺利脱模。

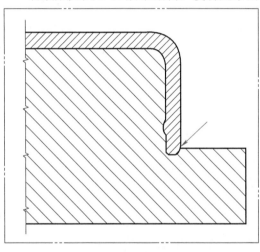

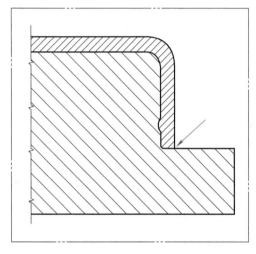

图 1-17　产品分型面有 R 角　　　　　　　　图 1-18　产品分型面无 R 角

（2）产品本身能产生足够的变形量

产品的变形量一定要大于倒扣的尺寸，变形量的大小跟产品的结构和塑胶自身的特性有直接关系。

如图 1-19 所示，由于倒扣所在面整个相连，倒扣位置变形有限，不利于强脱。改成如图 1-20 所示结构，在倒扣的两侧加上掏胶槽，可增大倒扣位置变形量，利于产品强脱。

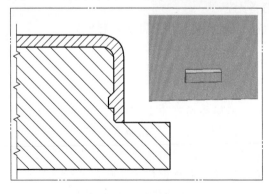

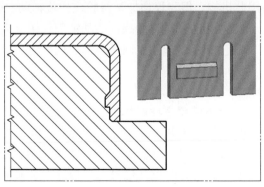

图 1-19　倒扣两侧无掏胶槽　　　　　　　　图 1-20　倒扣两侧有掏胶槽

（3）产品结构转角处需有足够的圆角或类似的过渡面

产品结构转角处需有足够的圆角或类似的过渡面，以防产品强脱过程中拉裂或断开。

如图 1-21 所示，产品结构转角处为直角，产品在变形时，此直角位置由于应力集中，容易断裂，若改成如图 1-22 所示的 R 角，将有效改善该问题。

注意：若筋位处于外观面正下方，R 角过大则会造成产品表面缩印。

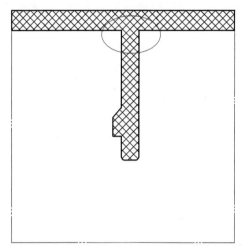
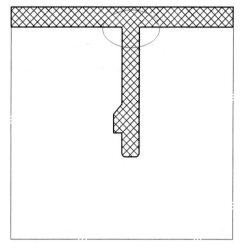

图 1-21　产品结构转角处为直角　　　　图 1-22　产品结构转角处有 R 角

（4）倒扣面跟产品脱模方向的夹角要合适

倒扣面跟产品脱模方向的夹角尽量不要大于 50°，理论上是角度越小越好。

倒扣面角度如图 1-23 所示，图中角度 α 应小于 50°。

图 1-24 给出了倒扣面的几种形状，图中箭头方向是脱模方向。

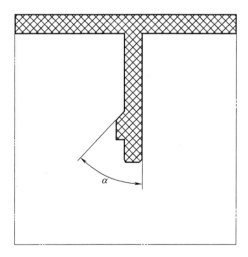
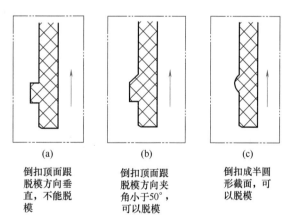

（a）倒扣顶面跟脱模方向垂直，不能脱模　　（b）倒扣顶面跟脱模方向夹角小于50°，可以脱模　　（c）倒扣成半圆形截面，可以脱模

图 1-23　倒扣面角度　　　　图 1-24　倒扣面的几种形状

（5）倒扣的深度应在强脱范围内

当产品整圈倒扣强脱时，倒扣的深度不能过深，倒扣的深浅受产品材质、大小、结构等影响；局部强脱时，可改变产品结构，如通过增加掏胶槽等方式增加产品变形量。

大产品、有足够模具空间、倒扣深度较深等情况下，为保证模具安全，降低风险，应采用脱模机构脱模，不应使用强脱。

1.4 斜浇口套偏心模具

正常情况下，模具的浇口套（也叫唧嘴）中心轴跟开模方向平行，且浇口套的中心轴恰好在模具中心。若因产品外观要求或结构的影响，进胶位置必须偏心时，如果偏心非常多，应考虑热流道等进胶方式。

当偏心不多不少时，为减少锁模力不平衡对产品质量的影响和对注塑机的损伤，可适当把浇口套做斜，以减少浇口套的偏心量。斜浇口套模具示意图如图 1-25 所示。

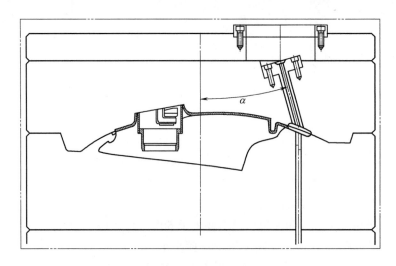

图 1-25　斜浇口套模具示意图

设计规范

① 斜浇口套适合于韧性比较好的塑料，易脆的塑料（如 PS）不适合做斜浇口套，塑料易断在浇口套里面。各塑料的特性可参阅塑料相关资料。

② 安全起见，浇口套的斜度（图 1-25 中角度 α）一般不大于 12°，最大不要超过 15°，软胶除外。

③ 模具设计时，浇口套进胶口的中心，必须跟定位环的中心在同一轴线上，如图 1-26 所示。

④ 顶棍孔的中心位置必须跟定位环中心对齐，若模具偏心，顶棍孔必须同步移动。

⑤ 若做斜浇口套，模具仍偏心太多，在模具结构允许的情况下，可考虑其他进胶方式，如热流道、细水口等。

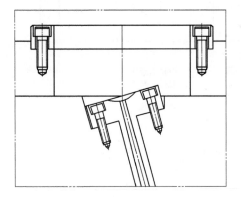

图 1-26　浇口套进胶口的中心

⑥ 模具左右侧偏心如图 1-27（a）所示，容易影响生产所用注塑机的大小；天地侧偏心如图 1-27（b）所示，对注塑机大小影响较小。所以，在排位的时候，需注意模具方向。

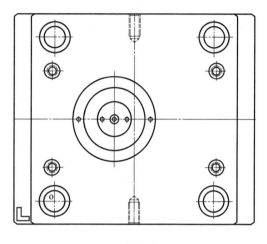
(a) 左右侧偏心

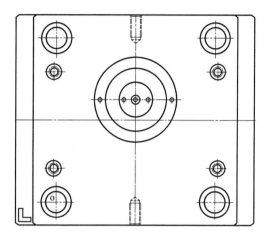
(b) 天地侧偏心

图 1-27　模具偏心的两种方式

1.5　转水口模具

转水口模具，是指模具上水口的位置可以转动调节，用以达到某种生产目的。

在注塑模具中，为了节约成本，往往会把几种相同材质、不同类型的小产品做到同一套模具里面。大多数情况下，每一模生产出来的产品数量和各类型产品的使用量相互匹配。当产品使用数量不一时，便需要对其生产数量进行调整。

当不同材质的产品做到同一模具里面时，由于材质不同，一次只能生产同一种材质的产品，而其他材质的产品就不允许生产。

转水口结构主要用来解决上述两种问题。其最大的优点就是降低成本，主要用于小产品模具上。

设计规范

转水口如图 1-28 所示，在主流道的正下方，设计一圆形镶件，该镶件可以旋转。

在镶件上开单向流道，保证在生产所需产品时，其他模腔的流道自动关闭。

圆形镶件的底部需做上定位，当镶件旋转到对应位置时，自动定住，同时也防止生产过程中镶件转动。根据实际需要，镶件底部可以做一个定位珠和多个定位槽。

80℃以下模温生产的产品，可在圆形镶件底部设计 O 形密封圈，利用密封圈的弹力定位。

镶件中间做六角框（图 1-29），尺寸根据镶件大小确定，参考内六角扳手尺寸，使内六角扳手能顺利插入，方便调整转动镶件。图 1-30 为镶件面常见形状。

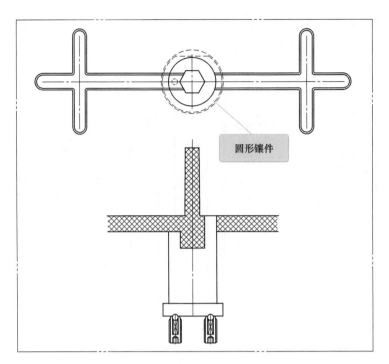

圆形镶件

图 1-28　转水口

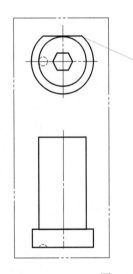

镶件挂台上做一扁位，作为加工基准，模具上对应的避空沉台应做成圆形，不能做成D字形。

图 1-29　镶件

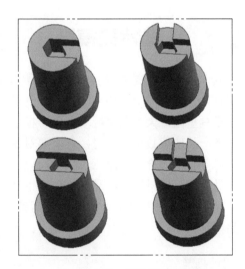

图 1-30　镶件面常见形状

1.6　倒注模具

　　倒注模具（又称倒注模、倒装模）指模具开模后，产品留在前模侧，并且由前模顶出的模具，倒注模的顶出系统在前模侧。

　　通俗一点讲，倒注模可以看作是常规的模具从后模进胶。到底什么样的产品才需要做倒注模呢？

一般来说，需要倒注的产品有以下几个特征。

① 产品属于外观件，整个外观面光滑无遮挡，不允许有浇口痕迹。

② 产品尺寸比较大，潜伏、牛角等浇口注塑困难，难以保证填充效果。或多点进胶影响产品质量等。

③ 因后模进胶，浇口套尺寸太长。该类型模具基本都采用热流道进胶。

如图 1-31 所示产品是个外观件。产品尺寸 440mm×540mm，穴数 1 出 1。由于整个外观面不允许有浇口痕迹，故该产品考虑反过来倒注成型。

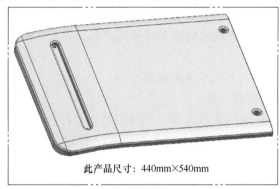

此产品尺寸：440mm×540mm

图 1-31　倒注模产品图

设计规范

① 倒注模（见图 1-32）由于进胶尺寸太长，导致主流道比较长，为降低生产成本，一般采用热流道。

② 倒注模一般采用油缸顶出。禁止使用油缸的模具，才考虑用其他机构来拉顶针板。设计顶出油缸时，请注意油缸的摆放位置，两侧一定要保证平衡，且要保证油缸位置不影响机械手抓取产品。

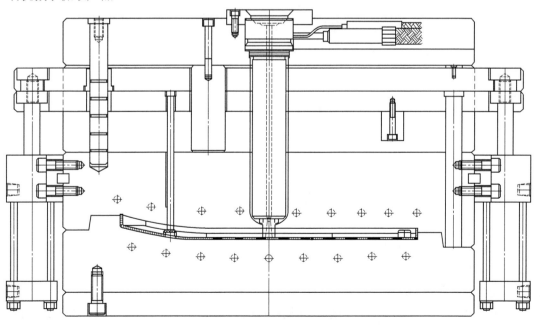

图 1-32　倒注模

③ 若进胶位置在产品正面大平面的背面时，浇口正对面的外观面处易产生太阳纹。若有其他位置可供选择时，浇口尽量不要正对着大平面。在模具设计时，浇口处应做好冷却。

④ 其他部分按常规模具设计。

1.7 模内切水口

模内切水口是针对大水口模具特有的一种浇口切除方式。众所周知，大水口的边浇口（搭底、扇形、锥形等）普通的做法是流道随产品共同取出后，再由人工或夹具切除浇口。

人工切除浇口，由于工人技术熟练程度不同，每次用力大小不均，很难保证每个产品的切口处疤痕的大小和深浅一致。

模内切浇口，是在保压结束后冷却开始前的这段时间，切刀伸出切断水口，使水口跟产品在模具内就断开，省去人工修剪产品的成本，降低一些人为的质量问题，缩短生产周期，提高生产的稳定性。

模内切水口，类似于热流道的形式，目前有许多供应商，由他们提供标准和标准件。这里要介绍的是自行设计制作的方式。

如图1-33所示的大水口边浇口，是常见产品的做法，采用边浇口进胶，顶出之后，再人工切除水口。现在，该模具要做成模内切水口形式。

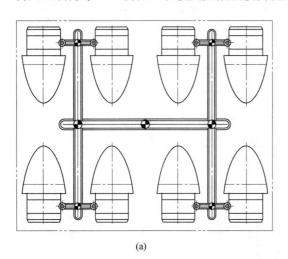

(a)

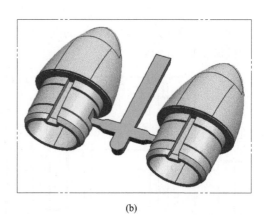

(b)

图1-33　大水口边浇口

（1）切刀的设计

常用的切刀，直接采用扁顶针，根据浇口不同，把顶部做成需要的形状，以便切断浇口。切刀顶面形状如图1-34所示。

（2）模具结构原理

模内切水口结构如图1-35所示，在顶针板的下方，再加上一块顶针板，即下顶针板，切刀固定在下顶针板上。由油缸单独控制下顶针板的运动。

保压完成时，油缸拉动顶针板向前顶出，切刀自动切断浇口。

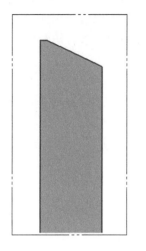
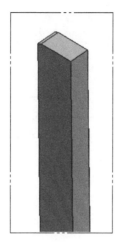
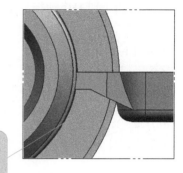

此切刀顶部为斜面，是因为产品浇口底部具有斜度。

图 1-34　切刀顶面形状

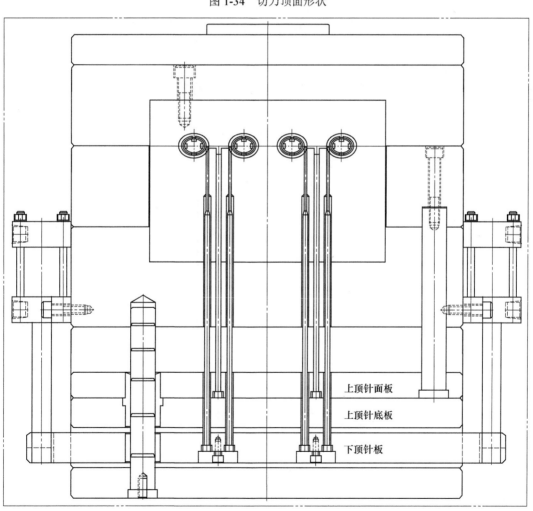

上顶针面板

上顶针底板

下顶针板

图 1-35　模内切水口结构

设计规范

① 由于切刀运动行程很短，请注意下顶针板限位距离，不要让切刀跟前模相撞。正常情况下，浇口完全切断后，切刀顶面跟前模之间至少应有 0.5mm 间隙，水口切断示意图如图 1-36 所示。

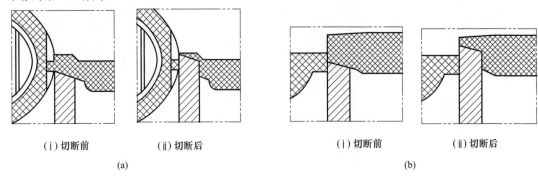

（ⅰ）切断前　　　　（ⅱ）切断后　　　　　　　（ⅰ）切断前　　　　（ⅱ）切断后

(a)　　　　　　　　　　　　　　　　　(b)

图 1-36　水口切断示意图

② 产品分型不同，切口处设计便不同。如图 1-37（a）所示，产品从中间分型，此时进胶口有一段减胶位，切刀跟产品之间留出一段位置。该位置的最高点应低于产品未减胶前的面，以保证浇口残留不影响装配。

③ 图 1-37（b）中，产品平面分型，切刀侧面可贴着产品侧面设计，以保证浇口切断面整齐平整。

④ 切刀侧面与前模侧面之间应有 0.02mm 间隙，以防止两个侧面相撞，如图 1-37 箭头处所示。

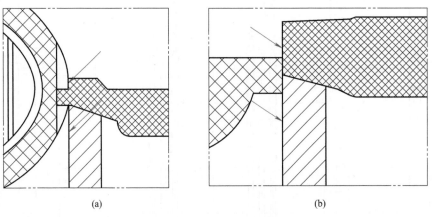

(a)　　　　　　　　　　　　　　　(b)

图 1-37　切刀配合示意图

⑤ 除切刀外，其他顶针均放置在上顶针板上，开模后，上顶针板由顶棍顶出。

1.8　叠层模

注塑模具中，前后模合在一起构成一个大的分型面。常规模具中，一套模具只有一层分型面。叠层模是拥有两层或多层分型面的模具。目前模具行业中，双叠层模具较多。较普通模具而言，叠层模主要具备以下特点。

① 多用于一些产量大、形状扁平的大产品（如衣架），或量大的小产品。

② 就生产而言，无需专用注塑机，效率成倍增加。

③ 根据产品不同，也分为热流道进胶和冷流道进胶。

④ 前后模均有顶针板。

1.8.1 冷流道式叠层模

如图 1-38 所示衣架模具，产品比较大。外观要求不是特别高，允许点浇口直接点到产品上。

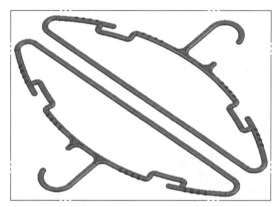

图 1-38 衣架模具产品图

冷流道式叠层模如图 1-39 所示。开模时，由于胶塞杆 14 把 A 板、中型腔、B 板这三块板锁在一起，所以，面板跟 A 板处先开模，开至行程 D 的位置时，水口板和 A 板被拉杆拉住，接着水口板和面板再打开。

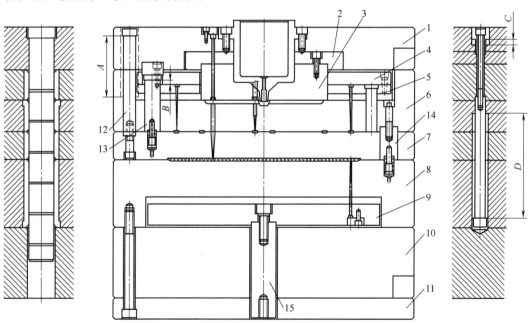

图 1-39 冷流道式叠层模

1—面板；2—水口板；3—水口板镶件；4—前模顶针底板；5—前模顶针面板；6—A 板；7—中型腔；8—B 板；
9—后模顶针板；10—垫板；11—底板；12—限位杆；13，14—胶塞杆；15—顶棍介子

① 此做法前模顶针板靠开闭器拉出，后模顶针板靠顶棍顶出，前后模可以不考虑同步顶出。

② 由于中型腔板开模之后留在前模侧。因此，模具设计时，中型腔板与 A 板之间的开模间隙应方便取产品，如图 1-39 所示 A 尺寸的位置。

③ 前模部分顶出设计时，为保证产品粘在前模侧，前模顶针板回针上应做一段避空，如图 1-39 所示 B 尺寸的位置。

④ 其他按常规模具设计。

1.8.2 热流道式叠层模

热流道式叠层模，浇注系统是该结构实现的难点，两层需同时进胶，所以，热流道系统需做到中型腔板上，而中型腔板与前后模均要脱离，故主料嘴应分割成可脱离的两部分，如图 1-40 所示。

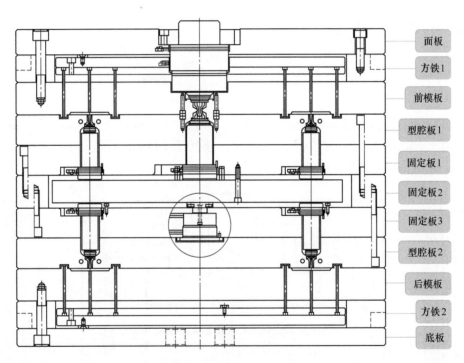

| 面板 |
| 方铁1 |
| 前模板 |
| 型腔板1 |
| 固定板1 |
| 固定板2 |
| 固定板3 |
| 型腔板2 |
| 后模板 |
| 方铁2 |
| 底板 |

图 1-40　热流道式叠层模

① 因主料嘴部分不应有冷料产生，所以，两主料嘴均采用针阀热嘴。

② 由于开模后产品分别留在前模侧和后模侧，所以，前后模均应有顶出系统，便于自动化生产时取出产品。

若要保证前后模同步顶出，则前后模都应采用油缸顶出。

若无需同步顶出，则前模使用油缸顶出，后模可使用顶棍顶出。

③ 若模具较大，模架尺寸超过 5050 时，为保证模具的稳定性，前后模侧均应做上导柱，如图 1-41 所示。

④ 为保证两侧分型面同时开启，和中型腔两侧开模距离相当，模具应使用齿轮加齿条的传动方式，使两侧开模同步，且开模距离相当，如图 1-41 所示。

⑤ 模具两侧分型面开模距离够取出产品即可，因此，设计时应做上开模限位和行程开关，防止开模距离过长。完全开模状态下，齿条与齿轮不应脱离。

⑥ 两块中型腔板与热流道板之间应有定位，方便热流道系统的安装。

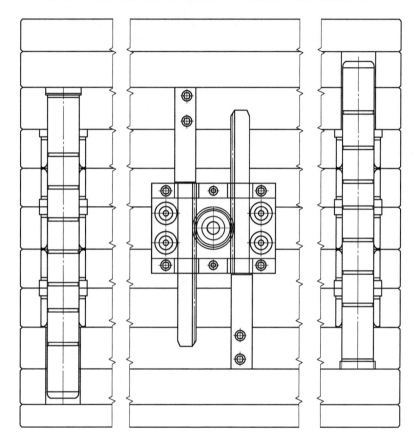

图 1-41　导柱和齿轮安装示意图

第2章

先抽芯系列结构

　　模具镶件上局部胶位较多、较深时，注塑完成后，产品对镶件有非常大的包紧力，导致开模时，产品较深的区域牢牢地包住模具，增加模具顶出难度，产生顶白甚至顶穿，撕烂产品，无法正常生产。

　　为了解决这一问题，把模具上胶位较多、较深的这一块，做成单独的一个活动镶件，在开模或顶出前，把这一块先抽掉。

　　如图 2-1 所示产品图，产品结构很简单，由于 4 根柱子深度太深，且 4 根柱子是出在前模侧。若直接开模，柱子处肯定会粘前模，此时应考虑先把柱子处镶件抽掉，然后再开模。

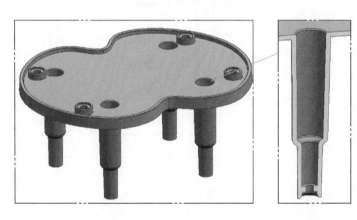

图 2-1　产品图

2.1　前模先抽芯

　　前模先抽芯是指先抽芯机构做在前模的模具。细水口和大水口模具由于在结构上的不同，其做法也不一样。

2.1.1　细水口前模先抽芯

　　细水口前模先抽芯如图 2-2 所示，一般来说，做法有两种，一种是增加一块先抽

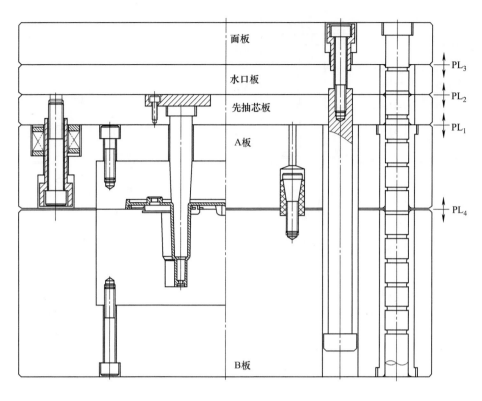

图 2-2　细水口前模先抽芯

芯板，把先抽芯镶件固定到先抽芯板上；另一种做法是直接把镶件固定到面板上。

是否需要增加先抽芯板，视情况而定，若先抽芯镶件直接固定到面板上，不影响模具布局和结构时，则不增加先抽芯板；若会影响到布局和结构，比如，影响流道或其他模具结构时，则需要增加一块先抽芯板。

▌设计规范

①　没有先抽芯板的，按正常细水口模具来设计，把需先抽的镶件固定到面板即可。

②　有先抽芯板的，先抽芯板跟 A 板之间，需做好限位，限位行程等于需要先抽的距离。

③　有先抽芯板的，拉杆的作用力应直接在先抽芯板上，在设计拉杆行程时，应以先抽芯板的面为基准（图 2-2）。

④　模具的开模顺序（图 2-2）是：先开 PL_1 和 PL_2 处，再开 PL_3 处，最后开 PL_4 处。PL_1 处虽说有弹簧辅助开模，由于产品对镶件有较大的包紧力，所以不确定一定能先行打开，最终一定是靠拉杆拉开此位置。因此，PL_1 和 PL_2 处开模无先后顺序，无论先开哪里均可，对模具动作和结构无影响。

2.1.2　大水口前模先抽芯

大水口模具（图 2-3）前模需要先抽芯，一般使用简化细水口模架（GCI 或 GCH 类），把需要先抽的镶件固定到面板上，在 A、B 板开模前，面板处先打开。

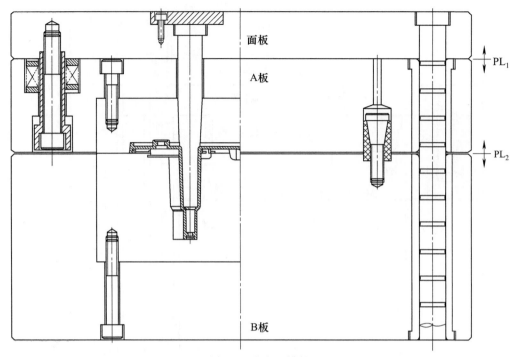

图 2-3　大水口模具

设计规范

①如图 2-3 所示，模具的开模顺序是：先打开 PL_1 处，再打开 PL_2 处。

②面板跟 A 板之间，需做好限位，限位行程等于需要先抽的距离。

③浇口套固定到面板上，由于面板跟 A 板之间要开模，因此，浇口套前端应做斜度，如图 2-4 所示。

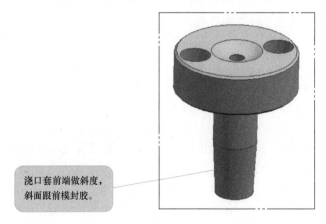

浇口套前端做斜度，斜面跟前模封胶。

图 2-4　浇口套

2.2　后模先抽芯

后模先抽芯是指先抽芯做在后模的模具，需要用带推板的模架，如 DI、DDI 等模架。由于推板的驱动方式不一样，又分为前模带动式和后模顶出式。

2.2.1 前模带动同步先抽芯

前模带动同步先抽芯（图2-5），是利用开模动作，推板跟随前模同步运动，在A、B板打开前，让先抽镶件从产品中先抽出。

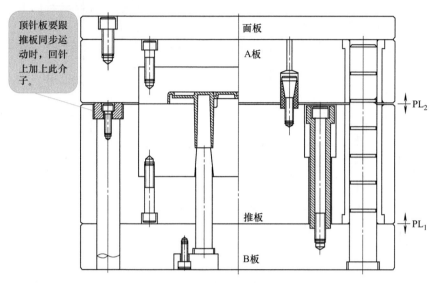

顶针板要跟推板同步运动时，回针上加上此介子。

面板

A板

PL₂

推板

PL₁

B板

图 2-5　前模带动同步先抽芯

推板跟随前模同步运动，只适合于先抽之后产品不会粘前模的情况。若先抽芯后产品反而会粘前模时，推板就不能跟随前模同步运动。这种情况的设计方法可参考本章后面内容。

🔹 设计规范

① 推板跟B板间需做好限位，限位行程等于需要先抽的距离。

② 由于A板和推板之间有开闭器锁住，开模时，先开PL₁处，再开PL₂处。若PL₂处大力，快速拉开时，推板回弹，可在B板跟推板之间加弹簧辅助。

③ 先抽芯镶件若成型面积比较小，可以在B板上通镶，利用从后面盖板的方式固定，如图2-5所示；若成型面积比较大，必须从B板正面挖框，跟模仁镶进模框一样的做法。

④ 若顶针板需要跟随推板同步运动，直接在回针上加上介子即可；若不需要同步运动，回针则按常规模具设计，如图2-5所示。

⑤ 顶针板弹簧的受力点应通过B板作用在推板上，否则弹簧与开闭器会产生反作用力。开闭器脱离后，弹簧会拉回推板。弹簧长度不够时，可在弹簧顶部增加垫块。

2.2.2 前模带动延时先抽芯

前模带动延时先抽芯（图2-6）结构是在前模带动同步先抽芯基础上做延时，目的是防止产品在先抽芯之后会发生粘前模等风险，其开模顺序也完全不一样。

延时的做法，通常是做一组活动杆，开闭器锁在活动杆上，活动杆的沉台处在模板上做避空，需要延时多少，沉台顶面就避空多少，如图2-6红色圈中的位置所示。

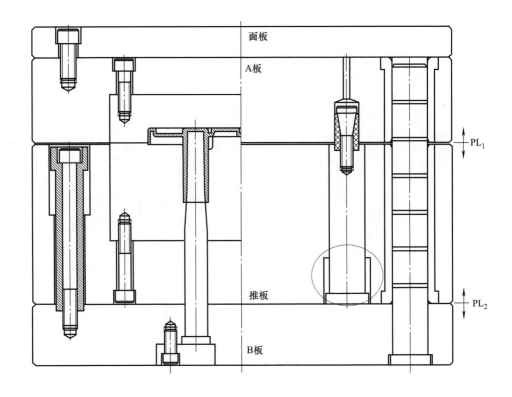

图 2-6　前模带动延时先抽芯

设计规范

①推板跟 B 板间需做好限位，限位行程等于需要先抽的距离。

②推板开模是靠 A 板拉动，由于开闭器锁在活动杆上，活动杆沉台面碰到推板面之前，推板是不动的。若实际生产中，推板会被带动，可以在 A 板跟推板间加上弹簧胶辅助开模。

③开模顺序是：PL_1 处先打开一段，产品完全脱离前模后，PL_2 处再开模；待 PL_2 开模至预设距离时，开闭器脱离前模，继续开模直至结束。

④由于 PL_1 处要先开一段距离后，PL_2 处再开模，所以，推板跟 B 板间不能加弹簧。

⑤若顶针板需要跟推板同步运动，直接在回针上加上介子即可，可参考图 2-5 回针的做法。若不需要同步运动，回针则按常规模具设计。

⑥细水口模具的做法与大水口同理，此处省略。

⑦该结构是为了防止产品直接先抽芯之后会有粘前模等风险时使用。

⑧顶针板弹簧的受力点应通过 B 板作用在推板上，否则弹簧与开闭器会产生反作用力。开闭器脱离后，弹簧会拉回推板。弹簧长度不够时，可加垫块。

2.2.3　顶出式后模先抽芯

顶出式后模先抽芯如图 2-7 所示，该结构跟前两种先抽芯相比，主要区别在于驱动力不同，前两种是靠开模时前模拉动推板来完成，而顶出式后模先抽芯是靠顶棍顶出时的力来完成动作。

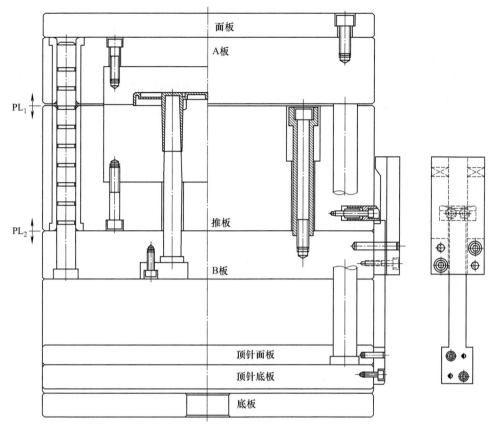

图 2-7　顶出式后模先抽芯

动作原理：

① PL$_1$ 处先开模。

② 顶棍顶在顶针板上，由顶针板上的顶出组件推动推板同步前进，PL$_2$ 处开模。

③ 当推板行至预设行程时，顶出组件释放掉推板上的作用力，推板停止运动，顶针板继续顶出，使产品脱离后模，完成整个动作。

设计规范

① 推板跟 B 板间需做好限位，限位行程等于需要先抽的距离。

② 顶出组件释放掉作用力的行程应略小于推板的限位距离。

③ 若需要推板跟着顶针板强制拉回时，则在回针上做上介子，可参考图 2-5 回针的做法。

④ 实际模具设计时，若既可以使用本结构，也可以使用前面介绍的两种开闭器带动的结构时，应优先选择本结构。本结构受力更好，模具生产时更加稳定。

顶出组件的设计

顶出组件动作示意图如图 2-8 所示。活动块固定到推板上，活动块上的弹簧使活动块可以自由伸缩，推块直接顶在活动块上，当行至预设行程时，铲基拨动活动块内缩，使推块脱离活动块，完成顶出动作。

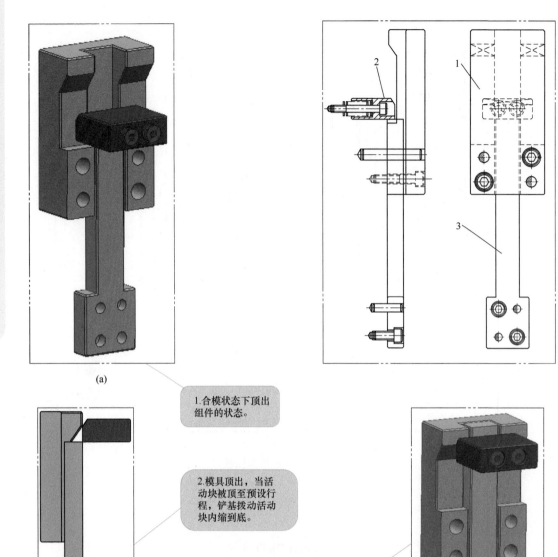

1.合模状态下顶出组件的状态。

2.模具顶出，当活动块被顶至预设行程，铲基拨动活动块内缩到底。

3.推块脱离活动块后继续顶出。

图 2-8　顶出组件动作示意图

1—铲基；2—活动块；3—推块

设计规范

① 活动块行至被铲基压缩，内缩到底时的行程应小于推板限位行程 1 ~ 2mm。

② 活动块铲基和推块必须在模板上做好定位。

③ 活动块应使用热处理材料，淬火加硬。其他零件可使用 P20 类材料氮化。

2.2.4　后模油缸先抽芯

　　油缸先抽芯是指靠油缸的驱动来完成先抽芯动作，这种做法从结构上来讲相对简单一些，动作可以单独进行，主要用于其他先抽芯结构在模具动作上存在相互冲突时。后模油缸先抽芯结构如图 2-9 所示。

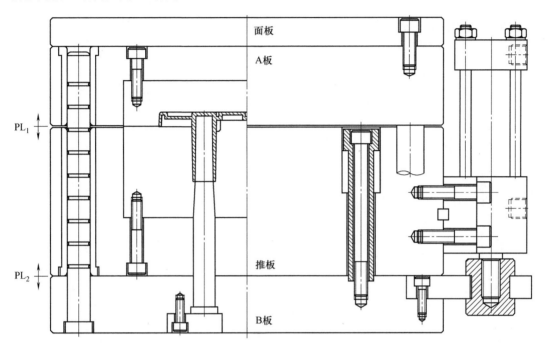

图 2-9　后模油缸先抽芯

动作原理：

① PL_1 处先开模。

② 油缸推动推板至限位杆限定行程时，推件和 B 板完全分开，即 PL_2 处开模完成。

③ 模具顶出。

🔧 设计规范

① 推板跟 B 板间需做好限位，限位行程等于需要先抽的距离。

② 油缸应两侧对称放置，以保证受力平衡。

③ 若顶针板需要跟推板同步运动时，可在回针上做上介子，可参考图 2-5 回针的做法。

④ 若顶针板需要先复位，且需要与推板同步顶出时，只能做机械性的先复位机构，不能做强制拉回，否则两者之间会产生反作用力。

⑤ 顶针板弹簧的受力点应通过 B 板作用在推板上，否则弹簧与油缸会产生反作用力。弹簧长度不够时，可增加垫块。

2.3　两次先抽芯

　　前面所讲的都是只抽一次的先抽芯结构。若在较深的筋位里面还有一段同样深的筋位，如果只抽最外部的筋位，里面的筋位同样有可能被镶件一同带走，导致产品拉白、拉坏。

两次先抽芯是把产品最里面的深筋部分先抽掉，再抽外面部分，最后再打开模具。

2.3.1 前模两次先抽芯

如图 2-10 所示，在前模的深筋里面还有一段较深的筋位，若只抽外面的镶件，里面深筋的位置会被拉坏。因此，需要先把里面一圈筋位抽掉后，再抽外面一圈筋位。

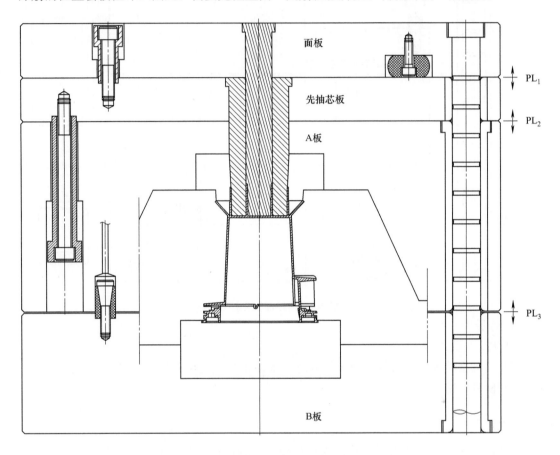

图 2-10 前模两次先抽芯

 设计规范

①PL$_1$ 处先开模，接着再开 PL$_2$ 处，最后开 PL$_3$ 处。

②为保证 PL$_1$ 处先开模，在面板跟先抽芯板之间增加弹簧胶或弹簧辅助开模。

③面板跟先抽芯板之间必须做好限位，限位行程等于芯子实际需要先抽的距离。

④先抽芯板跟 A 板之间必须做好限位，PL$_2$ 处靠限位杆直接拉开。

⑤注意导柱的长度，待所有板全部打开后，需保证合模时导柱仍然先行插入 B 板。

2.3.2 后模两次先抽芯

后模两次先抽芯是在后模先抽芯的基础上再增加一块推板，如图 2-11 所示，以达到两次抽芯的目的。其动作结构原理跟前模两次先抽芯类似。

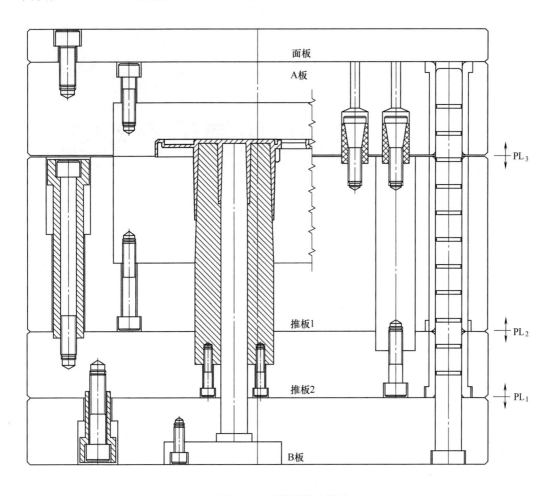

图 2-11 后模两次先抽芯

设计规范

①PL$_1$ 处先开模，接着再开 PL$_2$ 处，最后开 PL$_3$ 处。

② 为保证 PL$_1$ 处先开模，在 A 板跟推板 2 之间增加一组开闭器；为保证 PL$_2$ 处早于 PL$_3$ 且迟于 PL$_1$ 处开模，在 A 板跟推板 1 之间，再增加一组开闭器。

③ 推板 1 和推板 2，推板 2 和 B 板，三者之间均应做好限位，限位行程等于需要抽芯的距离。

④ 推板 1、推板 2、B 板三者之间必须要有导向机构（做上导柱、导套）。

⑤ 本结构也可采用 2.2.3 节顶出式后模先抽芯所示的驱动方式，靠顶出力直接驱动两块推板，只需要把活动块安装在推板 1 上，铲基安装在 B 板上，推板 1 与推板 2 之间做上开闭器。

总结

对于后模先抽芯，若能使用顶出式后模先抽芯，则不应考虑开闭器式抽芯。

第**3**章

顶出和复位系列结构

　　顶出是为了防止产品变形，让产品能顺利地从模具中拿出来。复位的目的是让模具回到初始状态，准备下一次生产。在动作较多的模具结构上，无论是顶出还是复位，往往有先后顺序要求，因此，便产生了不同的顶出或复位机构。

3.1 顶出

　　由于顶出位置的不同，功能要求不一样，顶出的方式、顶出驱动也不一样。

3.1.1 顶棍顶出

　　顶棍顶出是模具中最常见的顶出方式，依靠注塑机顶棍的驱动力顶出产品，根据模具大小不同，选择顶棍的数量不同。顶棍的详细位置分布可参考各厂商提供的注塑机资料。

　　国内大部分注塑机的顶棍位置都差不多。如图 3-1 所示是海天注塑机顶棍孔

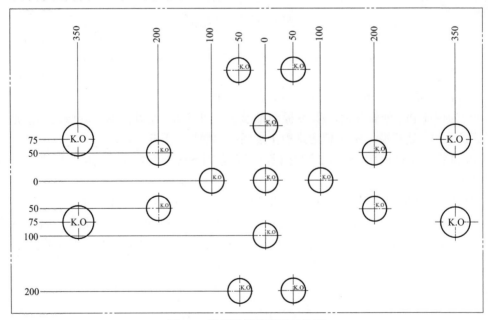

图 3-1　海天注塑机顶棍孔位置

位置。最小型号的注塑机只有中间一个顶棍孔，随着机器型号的加大，顶棍孔逐渐增多。

模具设计时，应根据生产所用注塑机型号来选择顶棍孔。

3.1.2　油缸顶出

油缸顶出是依靠油缸的驱动力来达到顶出的目的。油缸顶出运用比较广泛，无论前模还是后模，均可以使用油缸顶出。

3.1.2.1　前模油缸顶出

前模油缸顶出最典型的案例是倒注模，由于开模后产品留在前模，所以，倒注模一般都采用油缸顶出。倒注模详细内容请参考前面章节。

前模油缸顶出示意图如图 3-2 所示。

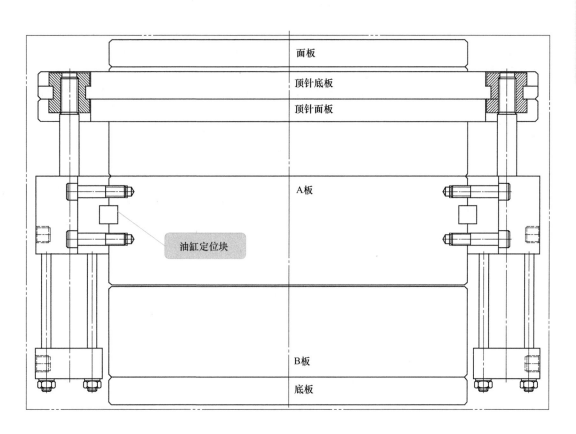

图 3-2　前模油缸顶出示意图

设计规范

①油缸顶出的通用做法是把顶针板伸出来，油缸介子直接挂在顶针板上。

②为保证平衡，左右油缸位置应以顶针板为中心斜向对称分布。

③油缸跟模板之间必须做好定位，最好用定位块定位，以保证油缸运动方向跟顶针板活动方向平行，如图 3-3 所示。

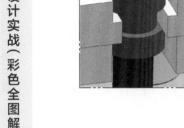
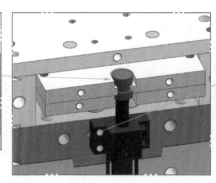
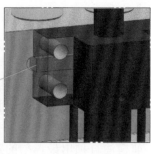

图 3-3　油缸连接

④ 左右油缸顶出必须同步，因此，两个油缸必须接成一组。

3.1.2.2　后模油缸顶出

后模油缸顶出常用于顶棍偏心导致顶出不平衡，或模具结构需要仅靠顶棍顶出难以完成动作时（如模内切水口等）。

后模油缸顶出结构跟前模油缸顶出类似，如图 3-4 所示。

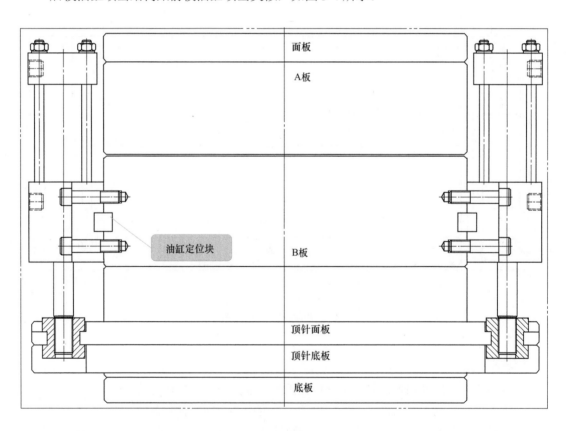

图 3-4　后模油缸顶出（一）

① 油缸顶出的常见做法是把顶针板伸出来，油缸介子直接挂在顶针板上。

② 为保证平衡，左右油缸位置应以顶针板为中心斜向对称分布。

③ 油缸与模板之间必须做好定位，最好用定位块定位，以保证油缸运动方向跟顶针板活动方向平行，如图 3-3 所示。

④ 左右油缸顶出必须同步，因此，两个油缸必须接成一组。

⑤ 若顶出行程过长，受模具厚度影响，油缸长度超出面板时，可按图 3-5 所示方式，把油缸直接安装在顶针板上，可有效增加模具空间利用率。

⑥ 图 3-5 方式较图 3-4 方式而言，油缸垂直度有保证，但顶针板占用空间比较大。对相同的模具来说，图 3-5 方式的顶针板长度会比图 3-4 方式要长。若从模具稳定性和加工精度来说，采用图 3-5 的方式更能保证模具质量和稳定性。

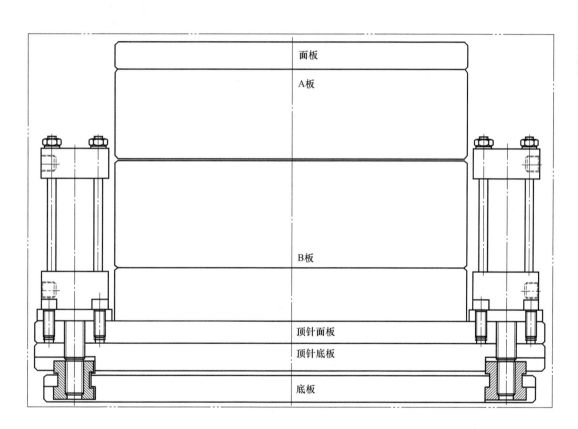

图 3-5　后模油缸顶出（二）

3.1.3　开闭器顶出

开闭器顶出最常见的就是用于前模需要顶出的时候（如前模有斜顶或局部顶出时），如图 3-6 所示。常规做法是在前模回针上装上树脂开闭器，利用开模的动力拉动前模顶针板顶出。

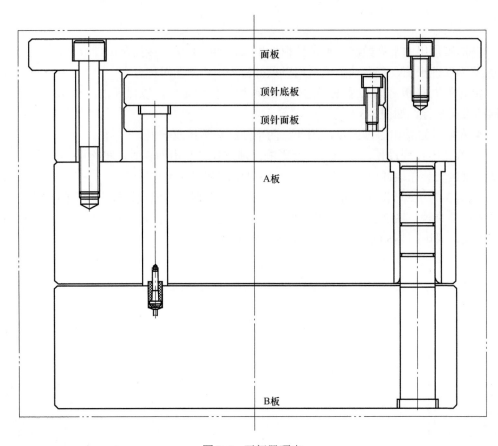

面板

顶针底板

顶针面板

A板

B板

图 3-6　开闭器顶出

设计规范

① 为简化模具，开闭器多数情况下直接安装在回针上。由于顶针板回位后要靠回针压住，因此，回针直径应大于开闭器，保证回针有足够的面被压住。由于开闭器孔口部有 R 角，如图 3-7 所示，需保证图中 A 尺寸在 1.5mm 以上。

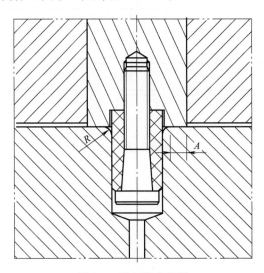

图 3-7　开闭器安装图

② 为保证受力均衡，开闭器安装位置应对称。正常情况下，每个回针上都应安装一个开闭器。若顶出面积小、受力较小时，也可在对角回针上各安装一个即可。

③ 为保证开闭器使用寿命，在开闭器孔的边缘应倒 R 角，一般 R 取值 1.5~2mm，回针上应做沉台。

④ 合模时，B 板会先顶住开闭器，迫使前模顶针板先回位。若模具结构上因此动作存在撞模等风险时，应改用其他结构（如弹簧顶出等），或做好相应的防范措施。

⑤ 锁开闭器时，为防止回针转动，回针沉头上应做定位。

3.1.4 弹簧顶出

钢弹簧一般情况下不作为结构性的零件，不能作为单独完成某一动作的零件使用。若能用氮气弹簧，优先考虑氮气弹簧。某些特殊情况下，当其他结构因模具布局或动作需要无法实现时，也可以单独使用钢弹簧来完成动作，但应做好相应的辅助保护措施，以防万一。

钢弹簧顶出如图 3-8 所示。

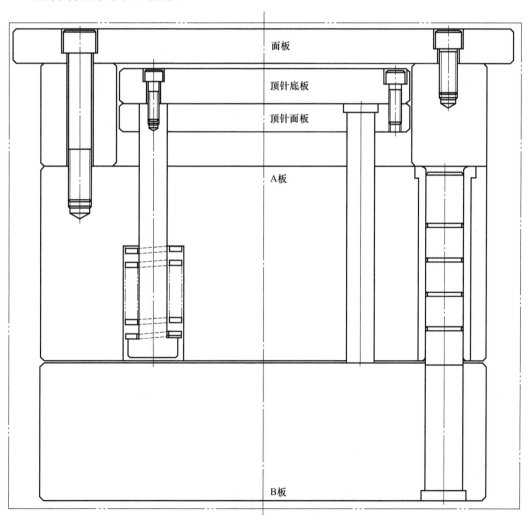

图 3-8 钢弹簧顶出

设计规范

① 能用氮气弹簧的情况下，应使用氮气弹簧。

② 为保证受力均衡，最好在 4 个角上各装一个弹簧，弹簧位置最好对称。

③ 为保证模具安全，防止弹簧失效引起撞模，模具上应安装行程开关。

④ 若安装氮气弹簧，可采用图 3-9 的形式，在顶针板上加上氮气弹簧套，以增大有效空间。

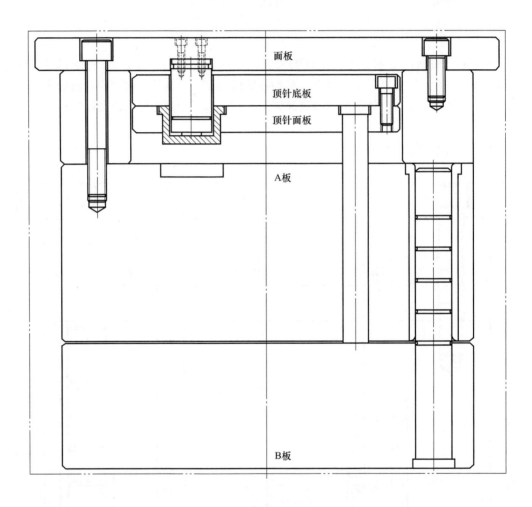

图 3-9　氮气弹簧顶出

3.1.5　机械机构顶出

机械性顶出机构的动作跟开闭器顶出动作类似。不同的是，机械性机构可承受较大的力，但加工调配安装时有间隙存在，达不到理论数据值，各加工精度不同直接影响机构质量，其偶然性因素比较大。使用时，应根据产品结构、加工水平等评估可靠性。

机械顶出机构如图 3-10 所示，拉钩固定在前模顶针板上，拨块固定在 A 板上，活动销固定在 B 板上，由于活动销内有弹簧，且内部有一段活动空间，所以能自由伸缩活动。

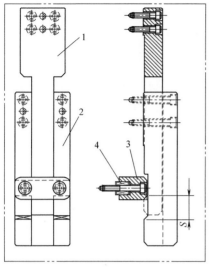
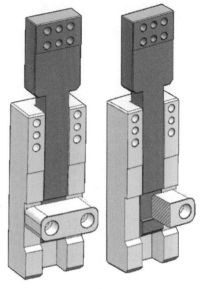

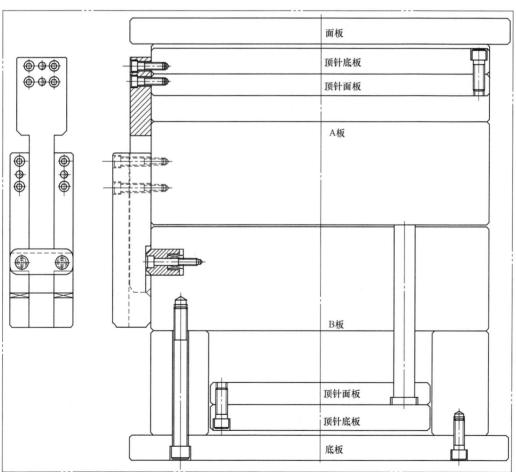

图 3-10　机械顶出机构

1—拉钩；2—拨块；3—活动销；4—弹簧；S—行程

拨块跟活动销之间有一段限位行程，拨块运动到预设行程时，拨块拨动活动销内缩到底，脱离拉钩，动作完成。

机械顶出机构动作示意图如图 3-11 所示。

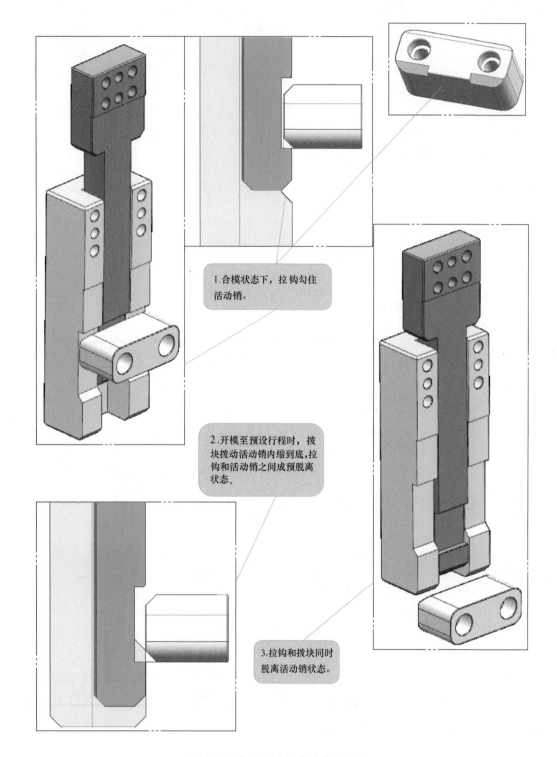

1.合模状态下，拉钩勾住活动销。

2.开模至预设行程时，拨块拨动活动销内缩到底，拉钩和活动销之间成预脱离状态。

3.拉钩和拨块同时脱离活动销状态。

图 3-11　机械顶出机构动作示意图

设计规范

① 活动销跟拉钩的接触面应小于活动销的行程，使两者能完全脱离。

② 为防止过早磨损，活动销应使用淬火料，其他件可使用 P20 类材料氮化。

③ 拉钩和拨块跟模板之间应做好定位，以保证其运动方向与开模方向平行。

④ 拨块的行程 S 与顶针板的顶出行程相同，因模具顶出行程都有余量，故不用担心活动销与拨块的工作斜面因加工或配合不准而对顶出行程产生的影响。

3.2 推板模具

推板脱模主要是指产品成型后，用一块推板将产品从模具中推出的脱模方式。此结构常用于深筒形、薄壁的产品。其优点是受力均匀，脱模平稳，产品不易变形。

由于模具结构不同，推板模具主要分为整块板推出和局部小推板推出等形式。根据驱动力不同，推板模具又分为前模带动推出和后模顶针板带动推出等。

3.2.1 模内藏推板

模内藏推板（图 3-12）是把推板做成一块小板，藏在 B 板内部，推板锁在顶针

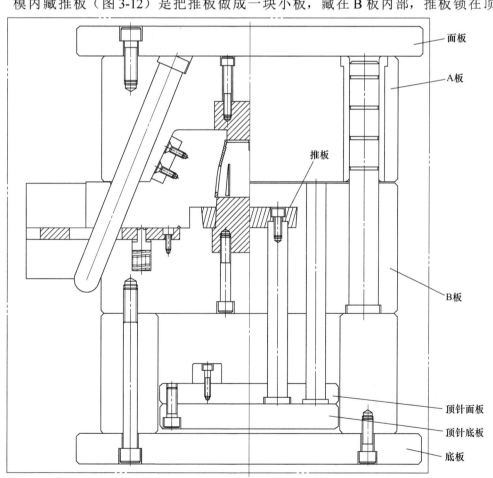

图 3-12 模内藏推板

板上，靠顶针板顶出带动推板推出产品。该做法模具空间占用少，可有效减小模具尺寸。

这种做法在哈夫滑块需要推板脱模时比较常见。因哈夫滑块结构所需，如果做整块推板，为保证模具强度，推板厚度较无滑块的模具要厚，若做成模内小推板，模具厚度可大大降低。

同样的模具，如果做整体推板，滑块行程只需要比倒扣稍微长一点，能取出产品即可；如果做成模内小推板的形式，因滑块要让出推板顶出的空间，故滑块行程会比做整体推板的行程要大。

▪ 设计规范

① 滑块的行程应大于推板的最大外形，以保证推板有足够空间能推出产品，防止干涉。

② 推板若需要参与封胶，与产品镶件之间应做斜度配合；若不需要封胶，推板跟镶件间单边避空 0.2mm 左右即可，不应过多，防止推板与产品的接触面过小。

③ 所有要封胶的推板，应在大于产品内侧边 0.2 ～ 0.3mm 处分型，如图 3-13 所示，以防止顶出时推板刮伤镶件。

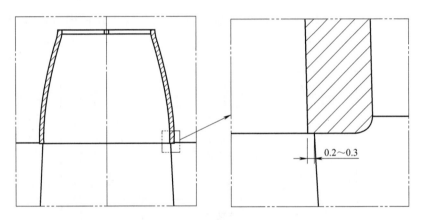

图 3-13　分型示意图

④ 为防止合模时推板未完全回到位或推板不平，导致滑块回位时口部与推板相撞，推板顶面（与滑块的配合面）应做斜度，如图 3-14 所示。

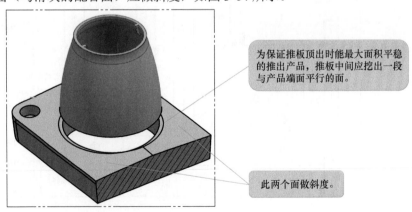

为保证推板顶出时能最大面积平稳的推出产品，推板中间应挖出一段与产品端面平行的面。

此两个面做斜度。

图 3-14　推板顶面

⑤ 推板与顶针板连接的顶杆应沉入推板，以保证其平稳，装模时位置不偏，如图3-12所示。

3.2.2 整板推出

整板推出是指推板长宽与 B 板长宽相同，多见于深桶类型产品的模具，如图 3-15 所示。

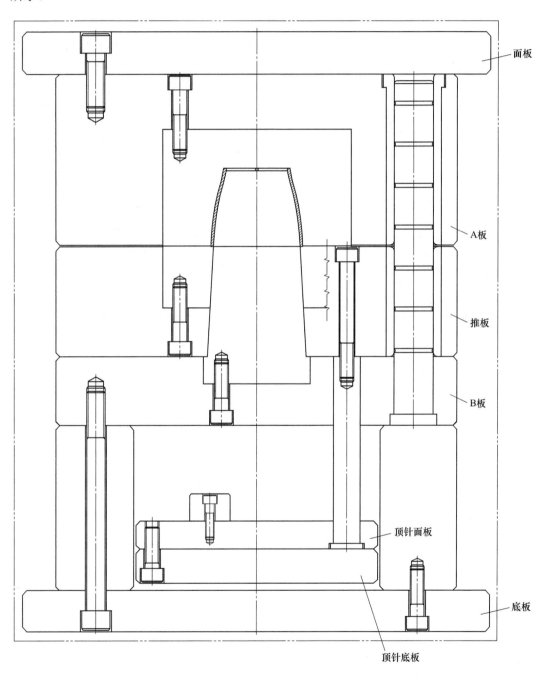

面板

A板

推板

B板

顶针面板

底板

顶针底板

图 3-15　整板推出

① 此结构推板直接锁在回针上，靠顶针板带着推板顶出和复位。

② 此结构只适用于一次顶出到位的产品，若推板顶出完成后，还有顶针、司筒类零件需要进一步顶出时，应使用其他顶出方式，详细请参考后面章节。

③ 模具镶件拆分注意事项请参考图 3-13。

3.2.3　无顶针板顶出

对于整块推板的模具来说，若模具无任何顶针（如细水口进胶），或仅仅只有水口针（如大水口边浇口等），但水口针不影响模具结构时，可以省去顶针板和方铁，直接在推板上做上顶棍介子，靠顶棍直接顶在介子上脱模，如图 3-16 所示。

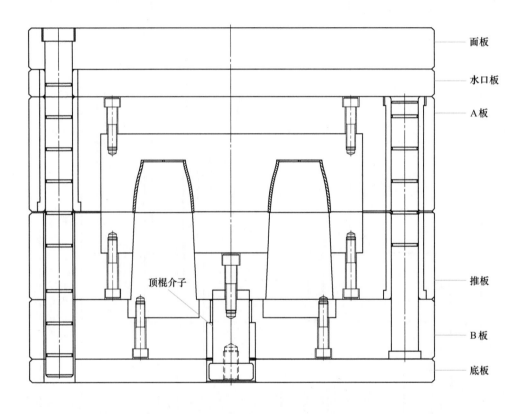

面板

水口板

A 板

顶棍介子

推板

B 板

底板

图 3-16　无顶针板顶出

■ 设计规范

① 推板跟 B 板间必须做好限位，可做独立的限位杆，或顶棍介子上做台阶限位，如图 3-16 所示。

② 稍大的模具需要做两个以上顶棍孔的，需注意位置不能跟模仁位置干涉，若不能错开，则不适合用顶棍驱动顶出，可考虑其他顶出驱动方式。

③ 细水口模具需注意，应做开闭器杆，把开闭器固定到 B 板上。

3.3 一次顶两次退结构

一次顶两次退结构最容易跟两次顶出结构混淆，有些产品既可以做一次顶两次退，也可以做两次顶出。而有些产品，只能做两次顶出。

一次顶两次退结构如图 3-17 和图 3-18 所示，主要用于全自动生产的模具，模具顶出后，产品仍然挂在顶针上，不能自动跌落，否则会影响全自动生产；或产品抱住扁顶针，需用较大的力或摇晃产品，方能取出产品时。

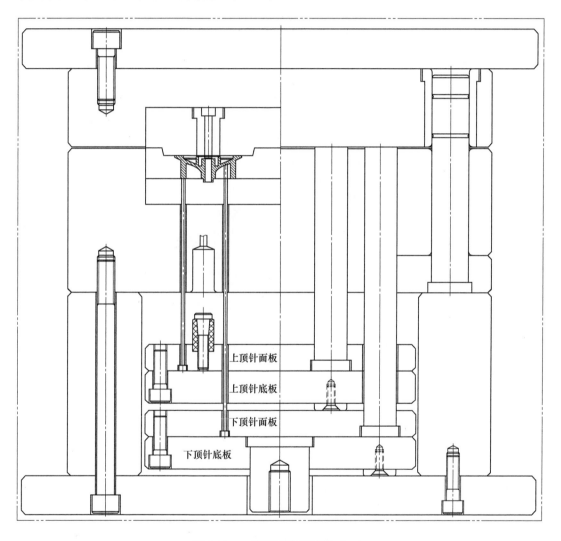

上顶针面板

上顶针底板

下顶针面板

下顶针底板

图 3-17　一次顶两次退结构（一）

动作原理：

① 前模打开后，顶棍直接顶在下顶针板上，推动两套顶针板同时顶出到底。

② 顶出到底之后，顶棍先退回，在强制拉回的作用下，下顶针板被顶棍带回。上顶针板由于有开闭器扣住，仍然保持在顶出的状态。

③ 取出产品后，上组顶针板若没其他结构影响，可在合模时靠前模压回。若因模具

结构影响，不能直接压回的，可做先复位机构（具体做法参考先复位章节）。

设计规范

① 此结构应做两组顶针板，把挡住产品的顶针或产品抱住的扁顶针设计在下组顶针板上，如图 3-17 所示。

② 上组顶针板上安装一组开闭器，开闭器孔做在 B 板底部，若顶针板限位柱较高，应做圆杆垫高开闭器，否则开闭器长度不够插入开闭器孔，如图 3-18 所示。开闭器的位置应尽量靠边，以方便调整更换开闭器。

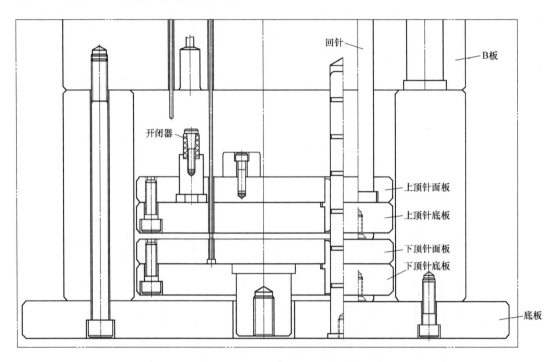

图 3-18　一次顶两次退结构（二）

③ 每组顶针板上均应有独立的回针，若模具空间有限，做不了两组回针的，也可以只在上组顶针板上做回针，但必须要做中托司，如图 3-18 所示。

3.4　两次顶出结构

两次顶出结构主要用于模具在一次顶出之后产品仍不能顺利取出时；或者一次顶出后，强行取产品会有损伤等情况。

两次顶出常见的有两种形式：一种是开始顶出时，两组顶针板同步运动，运动到指定距离后，一组顶针板停止运动，另一组顶针板继续运动；另一种是开始顶出时，一组顶针板运动，运动到指定距离后，两组顶针板再一起运动。可针对不同的情况，采用不同的方式。

常见的需要两次顶出的情况有如下几种。

① 产品上有倒扣需强脱时。如图 3-19（a）所示红色圈中倒扣位置，由于空间受限，不便于做其他脱模机构，故考虑强脱。

强脱要求倒扣筋背部必须有足够的空间，以利于筋变形。常规做法就是把倒扣部分做到顶块上。第一段顶出后，倒扣所在筋完全脱离模仁，此时顶块所在的顶针板停止运动，其他顶针所在的顶针板继续顶出，迫使产品脱离顶块。

② 浇口和产品有顶出先后顺序时。在某些产品上，潜伏浇口跟产品同步顶出时，浇口可能会刮伤产品，这时候，往往需要让产品先于浇口顶出，错开产品与浇口的位置。

如图 3-19（b）所示，产品跟浇口同步顶出时，潜伏浇口在脱离模腔后弹性回位时，有弹伤产品的可能性。此时，应让产品和浇口错开顶出。

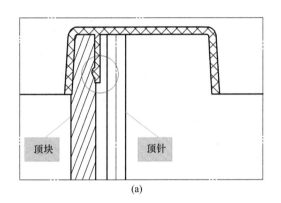 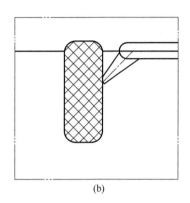

(a)   (b)

图 3-19 产品需两次顶出的情况

③ 全自动生产的模具。模具顶出后，产品仍然挂在顶针上，不能自动跌落，影响全自动生产；或产品抱住扁顶针，需用较大的力或摇晃产品方能取出产品时。

这点跟一次顶两次退相同，不同的是，如果这类情况采用两次顶出，顶出行程比一次顶两次退要长，整体模具厚度要厚。而且，两次顶出结构比一次顶两次退结构要稍微复杂一点。

④ 产品上同时有顶针和空顶时，需让顶针板先顶出空顶的距离，再和顶针一起顶出。

3.4.1 顶针延时两次顶出

顶针延时两次顶出是在需要延时的顶针底部做上一段避空，避空的深度以达到需要延时的距离为准，如图 3-20（a）所示。

这种顶针做法主要有两种：一种是整体型顶针，这类顶针多是模具设计完成后再订购回来，顶针前后段的直径相同；另一种做法是在顶针底部再反装一支顶针用于支撑，这种做法空间占用相对多一些。

注意，反过来安装的顶针直径，不小于延时顶针的直径，如图 3-20（b）所示。

反装顶针跟顶针底板之间的过孔避空单边不超过 0.01mm，整体型的顶针在顶针板上的避空应大一些，可单边取 0.5mm。

顶针延时两次顶出适合于少量顶针延时顶出。当模具有大批量顶针均需要延时时，应改用其他方法（详细见后续章节）。

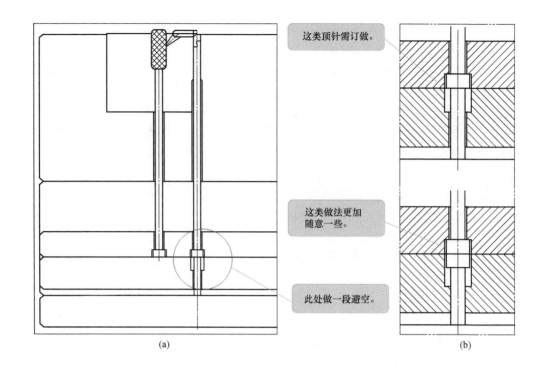

(a)   (b)

图中标注：
- 这类顶针需订做。
- 这类做法更加随意一些。
- 此处做一段避空。

图 3-20　顶针延时两次顶出

3.4.2　带空顶两次顶出

空顶是指顶块或推板需要空着顶出一段之后才能托住产品继续顶出。由于顶针跟空顶在顶出时必须同时托住产品才能顶出，因此，带空顶的模具必须做两组顶针板来抵消空顶距离以达到同步顶出的目的。

如图 3-21 所示，产品两侧做哈夫滑块，为保证外观漂亮，产品选择从底部内侧分型，导致四周顶块或推板必须空顶一段之后，才能跟司筒一起顶出。

这种做法有别于前面讲的顶针延时。这种做法无局限性，可用于有许多顶针、方顶等均需要延时顶出，或模具需要先空顶一段再一起顶出等情况下，结构简单，安全可靠。

动作原理：

① 顶棍驱动上顶针板运动，当上顶针板活动到预设距离时，限位杆带动下顶针板一同顶出。

② 合模前，强制拉回带动上顶针板回位，当回到一定距离时，上顶针板带着下顶针板一同回位。

■ 设计规范

① 此结构应做两组顶针板，空顶部分设计在上组顶针板上，其他不需要空顶部分（如顶针、司筒等）设计在下组顶针板上，如图 3-21 所示。

② 两顶针板之间的限位行程刚好等于空顶顶面与产品端面之间的距离。

③ 为保证平衡和准确度，两组顶针板之间应做如图 3-21 所示的限位杆，尽量不要用塞打螺钉类代替。

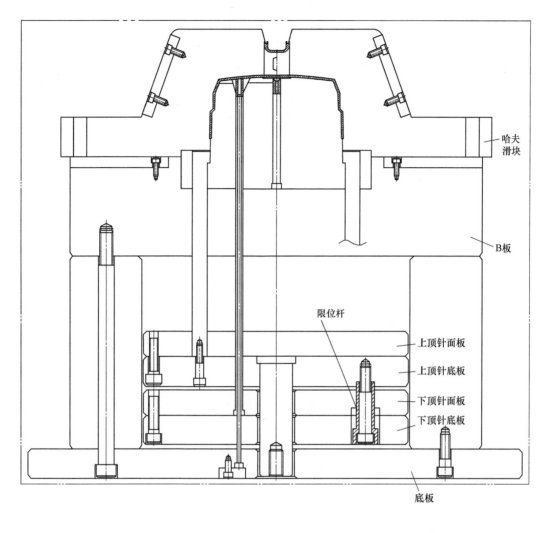

哈夫滑块

B板

限位杆

上顶针面板

上顶针底板

下顶针面板

下顶针底板

底板

图 3-21　带空顶两次顶出

④ 每组顶针板上均应有独立的回针，若模具空间有限，做不了两组回针的，也可以只在上组顶针板上做回针，但必须要做中托司。

3.4.3　开闭器式两次顶出

开闭器式两次顶出是利用开闭器和限位杆组合而成，完成两次顶出动作的结构，如图 3-22 所示。

动作原理：

① 顶棍驱动上组顶针板，在树脂开闭器的作用下，上组顶针板带动下组顶针板同步运动，当运动到预设位置时，限位杆拉住下组顶针板，上顶针板继续运动，两组顶针板脱离，完成两次顶出。

② 合模前，强制拉回带动上顶针板回位，当回到一定距离时，上顶针板带着下顶针板一同回位。

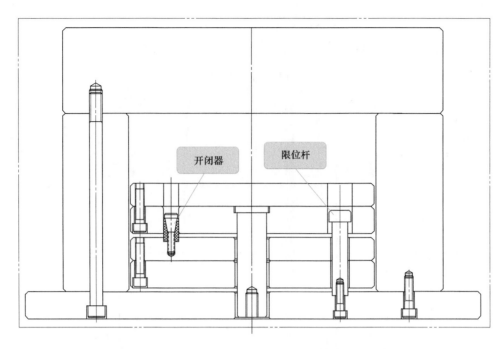

图 3-22　开闭器式两次顶出

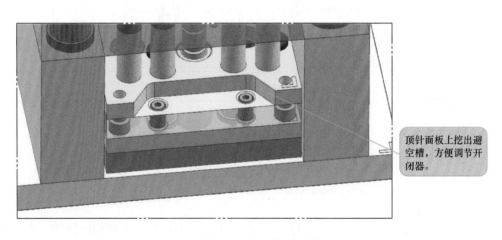

顶针面板上挖出避空槽，方便调节开闭器。

图 3-23　避空槽示意图

⬛ **设计规范**

　　① 此结构应做两组顶针板，为方便调节，开闭器装在下组顶针面板上，尽量靠边，上顶针面板上挖出避空槽，如图 3-23 所示，以保证有足够的空间调节开闭器。

　　② 该做法多用于小模具上，大模具不建议这样做，开闭器安全系数不高。

3.4.4　两次顶出机构（一）

　　如图 3-24 所示机构是安装在顶针板上实现两次顶出的机构之一，详细安装方式如图 3-25 所示，拉钩安装在上组顶针板上，活动销安装在下组顶针板上，拨块安装在底板上，该机构只能安装在模具外侧。

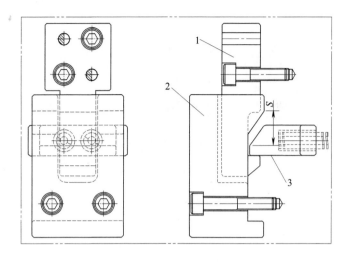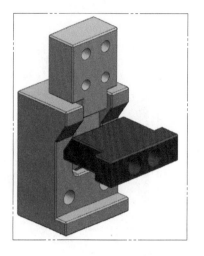

图 3-24　两次顶出机构（一）

1—拉钩；2—拨块；3—活动销；S—行程

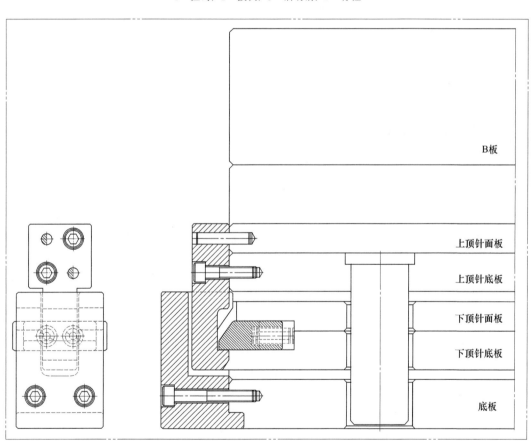

图 3-25　两次顶出机构（一）安装方式

动作原理：

两次顶出机构（一）运动示意图如图 3-26 所示。

53

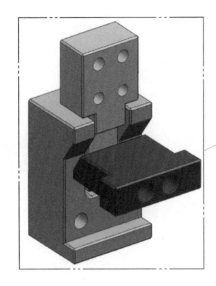

1.合模状态下，拉钩拉住活动销，使上下两组顶针板连接在一起。

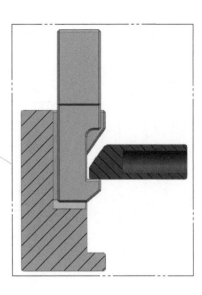

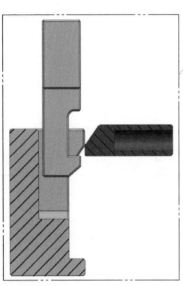

2.顶出一段距离后，拨块拨动活动销内缩到底，两组顶针板预脱离。

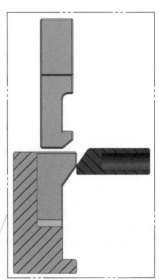

3.继续顶出，拉钩脱离活动销，两组顶针板脱离。

图 3-26　两次顶出机构（一）运动示意图

设计规范

① 活动销跟拉钩的接触面应小于活动销的行程，以使二者能完全脱离。

② 为防止过早磨损，活动销应使用淬火料，其他件可使用 P20 类材料氮化。

③ 拉钩跟模板之间应做好定位，以保证其运动方向与开模方向平行。

④ 拨块与活动销的行程 S 与下组顶针板所需的顶出行程相同。

3.4.5　两次顶出机构（二）

如图 3-27 所示机构是安装在顶针板上实现两次顶出的机构之一，详细安装方式如图 3-28 所示，拉钩安装在上组顶针板上，活动销安装在下组顶针板上，铲基安装在 B 板上，该机构只能安装在模具外侧。

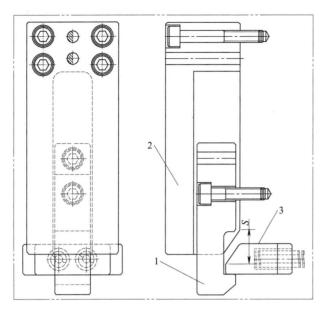
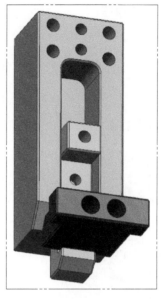

图 3-27　两次顶出机构（二）
1—拉钩；2—铲基；3—活动销；*S*—行程

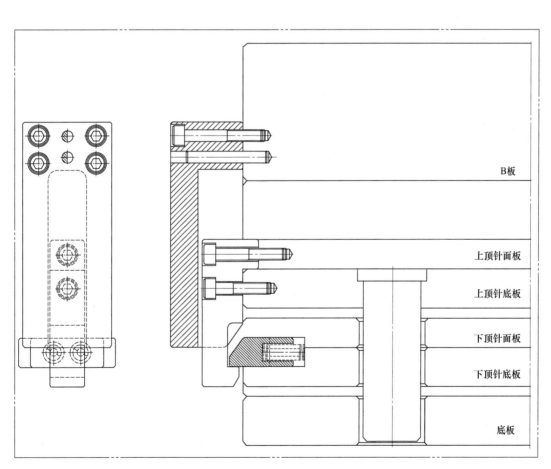

图 3-28　两次顶出机构（二）安装方式

动作原理：

两次顶出机构（二）运动示意图如图 3-29 所示。

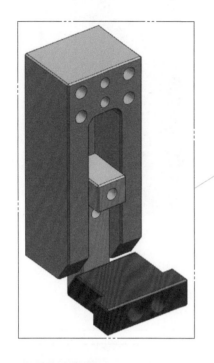

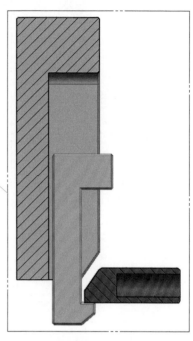

1.合模状态下,拉钩拉住活动销,使上下两组顶针板连接在一起。

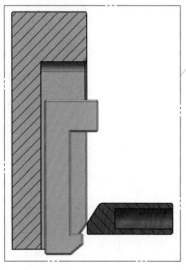

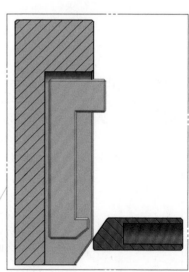

2.顶出一段距离后,铲基压迫活动销内缩到底,两组顶针板预脱离。

3.继续顶出,拉钩脱离活动销,两组顶针板脱离。

图 3-29　两次顶出机构（二）运动示意图

设计规范

① 活动销跟拉钩的接触面应小于活动销的行程，使二者能完全脱离。

② 为防止过早磨损，活动销应使用淬火料，其他件可使用 P20 类材料氮化。

③ 拉钩跟模板之间应做好定位，以保证其运动方向与开模方向平行。

④ 铲基与活动销的行程 S 与下组顶针板所需的顶出行程相同。

3.4.6　两次顶出机构（三）

如图 3-30 所示机构是安装在顶针板上实现两次顶出的机构之一，与前两种机构相比，这种机构复杂一些，详细安装方式如图 3-31 所示。

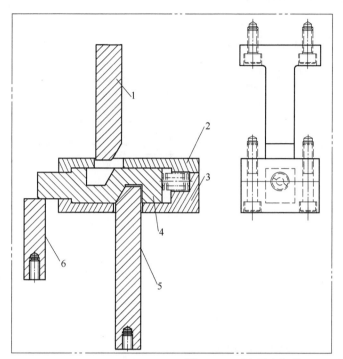
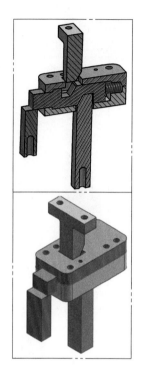

图 3-30　两次顶出机构（三）

1，5—铲基；2—固定座盖板；3—固定座；4—活动销；6—顶块

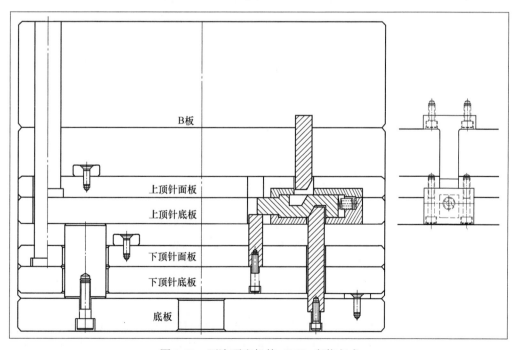

图 3-31　两次顶出机构（三）安装方式

安装说明：

① 铲基 1 锁在 B 板底部。

② 活动销置于固定座里面，盖好固定座盖板，穿好销钉，锁好螺钉。

③ 铲基 5 锁在底板上，顶块锁在下组顶针板上。

动作原理：

两次顶出机构（三）运动示意图如图 3-32 所示。

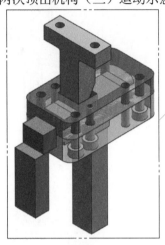

1. 合模状态下，顶块顶住活动销。

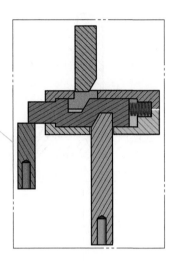

2. 顶棍顶在下组顶针板上，下组顶针板带动上组顶针板同步运动至预设距离时，铲基 1 拨动活动销内缩，活动销与顶块脱离。

3. 继续顶出，上组顶针板不动，下组顶针板继续行至预设位置，动作完成。

图 3-32　两次顶出机构（三）运动示意图

设计规范

① 活动销跟顶块的接触面应小于活动销的行程，使两者能完全脱离。

② 为防止过早磨损，活动销应使用淬火料，其他件可使用 P20 类材料氮化。

③ 铲基 5 必须完全脱离活动销后，铲基 1 才能开始拨动活动销。

④ 固定座盖板跟固定座之间必须做好定位销，且锁好螺钉，安装时整个组件一起固定到顶针板上。

　　跟前两种拉钩形式的机构对比而言，本机构可以很精确方便地调整高度尺寸，保证所有组件同时受力。该机构比拉钩形式的机构更可靠，能承受更大的顶出力。但该机构空间占用比较大，且只能做在模具内部，适用于中大型模具两次顶出。

3.4.7 跷跷板式两次顶出

跷跷板式两次顶出是利用跷跷板原理，在顶出的过程中，对其中一组顶针板加速，使其达到两次顶出的目的。常见的跷跷板有两种做法，一种是把旋转块固定到顶针板上，如图3-33（a）所示；另一种是固定在方铁上，如图3-33（b）所示。两种做法差别不大，实际工作中任选一种即可。

图3-33（a）形式的跷跷板，安装槽可直接在顶针板上线割出来，中间穿上销钉即可，其结构见图3-34。

图3-33（b）形式的跷跷板，在方铁上铣出安装槽后，装上盖板，中间穿上销钉，其结构见图3-35。

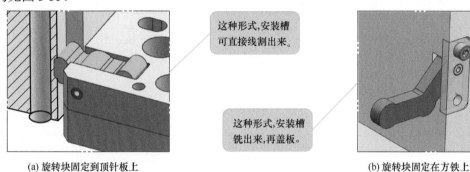

这种形式,安装槽可直接线割出来。

这种形式,安装槽铣出来,再盖板。

(a) 旋转块固定到顶针板上　　　　　　　　　　　(b) 旋转块固定在方铁上

图3-33　跷跷板的两种形式

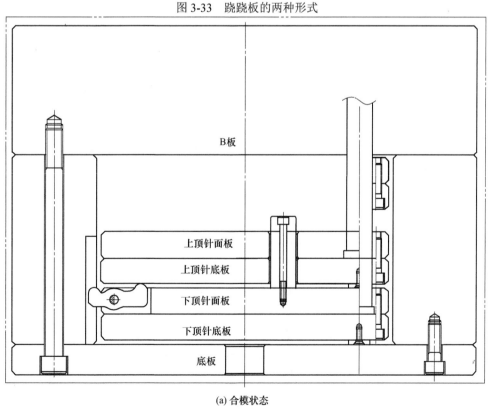

B板

上顶针面板

上顶针底板

下顶针面板

下顶针底板

底板

(a) 合模状态

图3-34

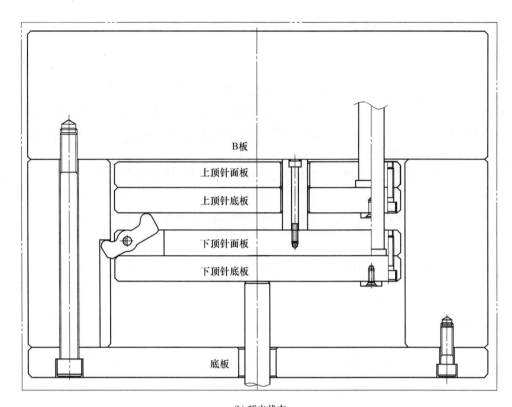

(b) 顶出状态

图 3-34　跷跷板结构（一）

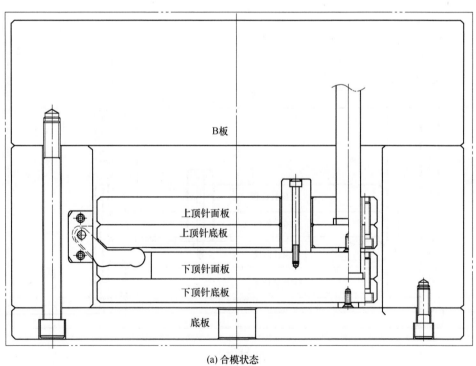

(a) 合模状态

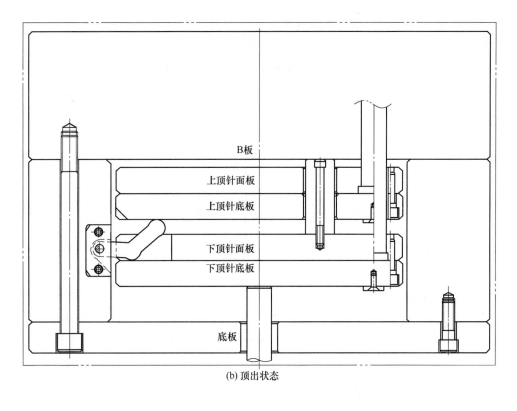

(b) 顶出状态

图 3-35　跷跷板结构（二）

▋ 设计规范

① 上组顶针板与下组顶针板之间的顶出距离，跟跷跷板活动块长度有直接关系，设计时先确定出顶针板的顶出距离，再根据顶出距离设计活动块的长度。

② 顶出限位柱需做在下组顶针板上，顶出到位时靠限位柱受力。

③ 若顶针板需要先复位，只能做先复位机构回位，不能用强制拉回，先复位可参考先复位章节的相关内容。

④ 为保证受力平衡，最好在顶针板的 4 个角处各做一个活动块。

3.5 　强制拉回和先复位机构

强制拉回机构和先复位机构都是让顶针板在合模前先行回位的装置。强制拉回是靠顶棍把顶针板拉回，先复位是靠机械机构让顶针板回位。

模具在动模侧有滑块时（通常指的是后模滑块），若滑块与顶出机构在垂直于顶出方向的面上投影有重合（意思是滑块投影面的正下方有顶针、司筒、顶块等），在合模时，如果顶针板没完全回到位时，滑块回位会跟顶出机构有碰撞的风险。因此，必须在滑块碰到顶出机构之前让顶针板先回位。

3.5.1　强制拉回机构

强制拉回机构是依靠注塑机顶棍把顶针板带回位的装置，类似于先复位机构，但更简单。缺点是上注塑机时，安装比较麻烦。

强制拉回直接安装在顶针底板上，中间攻上螺牙孔，螺牙孔大小应与注塑机上的螺牙型号相对应，一般为 M16，也有其他型号，详细请参考注塑机资料。强制拉回机构如图 3-36 所示。

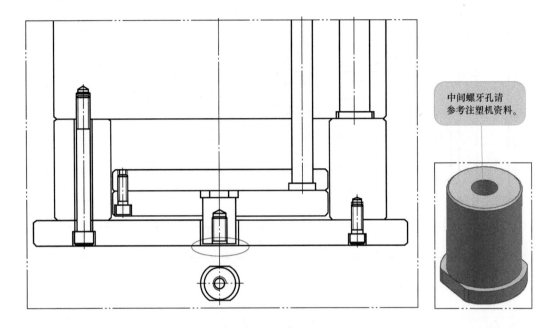

中间螺牙孔请参考注塑机资料。

图 3-36　强制拉回机构

设计规范

强制拉回机构的端面（图 3-36 红色圈位置）不要超过底板底面，一般低于底板底面 2 ～ 3mm。

3.5.2　先复位机构

先复位机构的类型比较多，不同公司的做法不一样，但动作原理都相同。就先复位机构而言，内置式比外置式在使用过程中稳定性更好一些。

3.5.2.1　弹簧先复位机构

弹簧先复位机构是最常见的一般模具的复位机构，靠弹簧自身的弹力来达到复位的目的。弹簧能否顺利复位，除了受到自身弹力大小影响外，还跟模具配合的顺畅度、生产的变形量、弹簧的疲劳强度等都有很大的关系，弹簧失效的风险较大。因此，弹簧一般不单独作为先复位机构使用，但这并不影响它具有先复位的功能。

设计规范

若弹簧能装在回针上，则尽可能地安装在回针上面，如图 3-37 所示。如果不能装在回针上，可放在其他位置，但应保证顶针板受力均匀，而且弹簧中间应加上护杆。

氮气弹簧可以作为独立的先复位机构使用。若模具上的空间足够使用氮气弹簧时，可直接使用氮气弹簧。

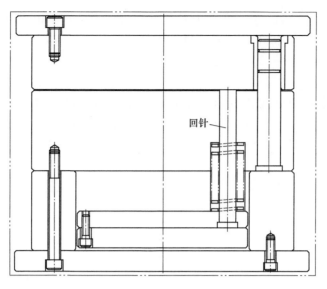

图 3-37 弹簧先复位

氮气弹簧先复位的可靠性和稳定性优于钢弹簧先复位。

3.5.2.2 弹簧胶先复位机构

弹簧胶先复位（图 3-38）的机构原理是在回针底部加上弹簧胶，开模状态下，回针比其他顶出机构高出几毫米，在合模时，前模先碰到回针，以保证顶针板率先压回位。

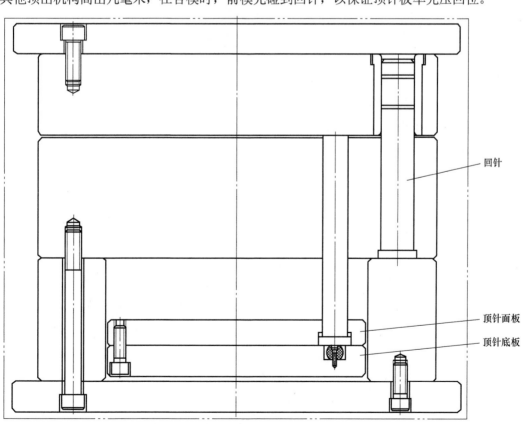

图 3-38 弹簧胶先复位

该先回位的行程比较短，一般只有几毫米，故此结构不适用于长行程的先回位。多用于分型面上有方顶等顶出机构与前模封胶时。

◆ 设计规范

① 弹簧胶避空孔的直径必须小于回针直径，否则合模状态时，顶针板不能完全被压回位。

② 顶针面板上回针沉头高度的避空值即顶针板先回位的值。

③ 弹簧胶的高度应大于弹簧胶避空孔的深度 H 加上回针沉头高度的避空值 H_1，如图 3-39 所示。

④ D 尺寸为弹簧胶避空值，不应大于回针直径，弹簧胶直径应比其单边小 3～4mm。

⑤ 此结构只适用于小行程的先复位。

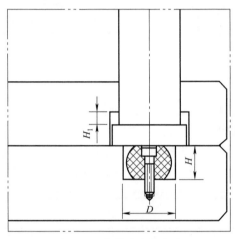

图 3-39 弹簧胶安装方式

3.5.2.3 外置式先复位机构（一）

如图 3-40 所示机构是安装在模具外部侧面，利用合模动作完成顶针板先回位的机构之一，其安装示意图如图 3-41 所示。

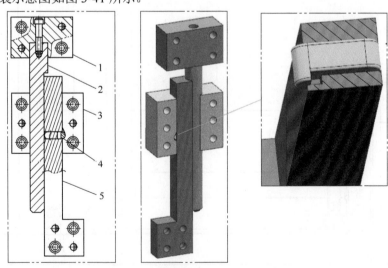

图 3-40 外置式先复位机构（一）
1—插杆固定座；2—插杆；3—固定座；4—活动销；5—活动销固定杆

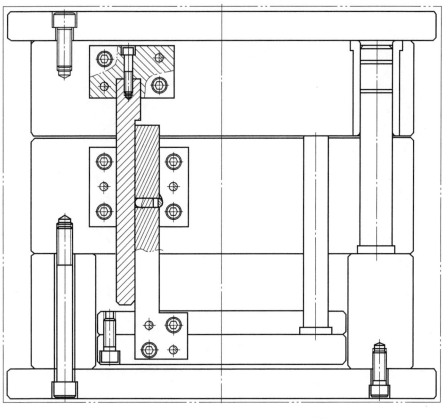

图 3-41　外置式先复位机构（一）安装示意图

动作原理：

外置式先复位机构（一）动作示意图如图 3-42 所示。

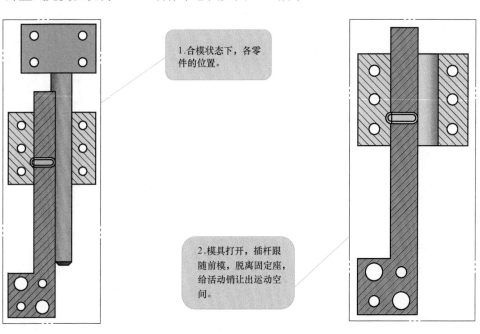

1.合模状态下，各零件的位置。

2.模具打开，插杆跟随前模，脱离固定座，给活动销让出运动空间。

图 3-42

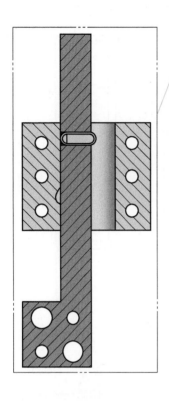

3.模具顶出,在固定座斜面的挤压下,活动销退出固定座槽。

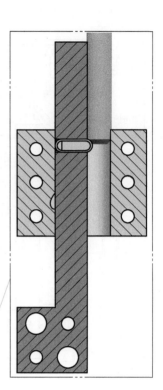

4.合模时,插杆插入固定座,顶在活动销上,驱使活动销杆带着顶针板回位。

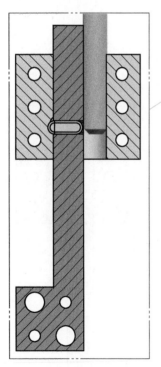

5.当顶针板完全回到位时,活动销刚好运动至固定座槽的位置,插杆挤压活动销,使活动销滑入凹槽,让出活动空间。

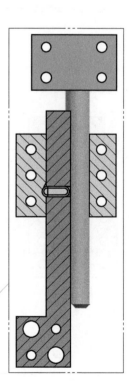

6.继续合模,直至模具完全合到位。

图 3-42　外置式先复位机构（一）动作示意图

① 各固定座和固定杆跟模板之间必须做好定位，可用定位销。

② 顶出到底时，活动销不可脱离固定座，以防止其掉出。设计时请注意固定座在顶出方向的长度。

③ 为防止过早磨损，活动销应使用淬火料，其他件可使用 P20 类材料氮化。

④ 设计时请注意活动销挂台的方向，应在固定座凹槽的一侧，如图 3-40 所示，不能设计到插杆侧，否则活动销有掉落的风险。

⑤ 加工时请注意，组件的运动方向必须跟开模方向平行。

⑥ 为保证插杆能顺利插入固定座，顶针板回到位时，顺利逼回活动销。插杆端部应做大斜面，周圈倒 C 角。

⑦ 为防止插杆受力时偏位，插杆与固定座的避空不应过大，单边 0.3mm 左右即可。

3.5.2.4 外置式先复位机构（二）

如图 3-43 所示结构也是安装在模具外部侧面利用合模动作完成顶针板先回位的机构之一。该方式是目前运用较多的形式，无论加工还是安装，均简单方便、结构可靠、耐磨损。

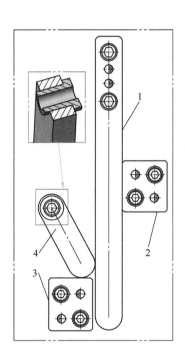 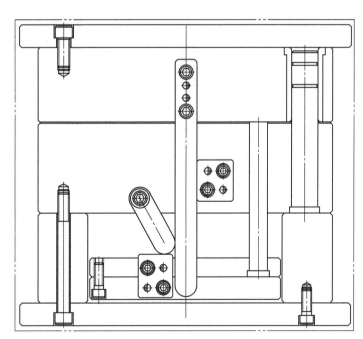

图 3-43 外置式先复位机构（二）
1—插杆；2—挡块；3—镶块；4—摆杆

动作原理：
外置式先复位机构（二）动作示意图如图 3-44 所示。

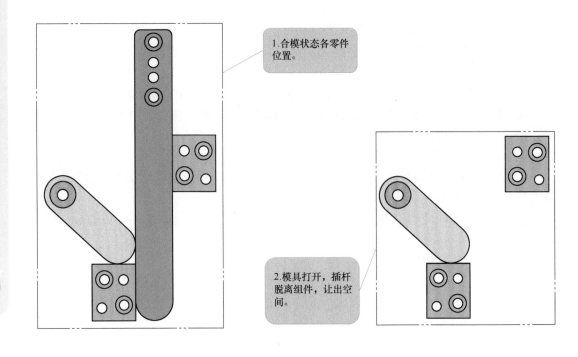

1.合模状态各零件位置。

2.模具打开，插杆脱离组件，让出空间。

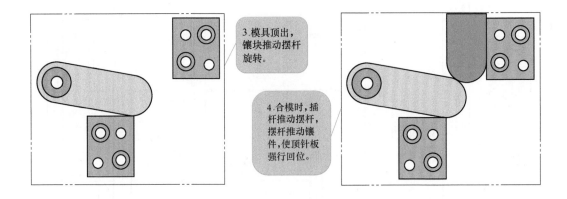

3.模具顶出，镶块推动摆杆旋转。

4.合模时，插杆推动摆杆，摆杆推动镶件，使顶针板强行回位。

图 3-44　外置式先复位机构（二）动作示意图

⊟ 设计规范

①插杆、镶块、挡块跟模板之间必须做好定位，可用定位销。

②摆杆跟模板之间用转轴连接，转轴沉进模板 3 ~ 5mm，如图 3-43 中红色框剖面图所示。

3.5.2.5　内置式先复位机构（一）

如图 3-45 所示机构是安装在模具内部，利用合模动作完成顶针板先回位的机构，其安装示意图如图 3-46 所示。该内置式先复位机构精确度、稳定性都优于外置式先复位机构（一），加工量比外置式先复位机构（一）稍大，结构动作基本相似。

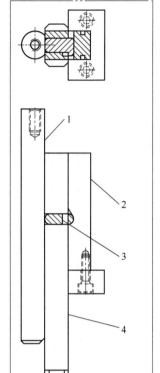
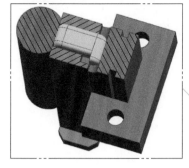

图 3-45　内置式先复位机构（一）

1—插杆；2—镶件；3—活动销；4—活动销杆

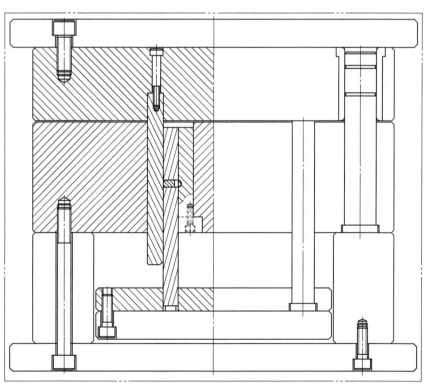

图 3-46　内置式先复位机构（一）安装示意图

动作原理：

内置式先复位机构（二）动作示意图如图 3-47 所示。

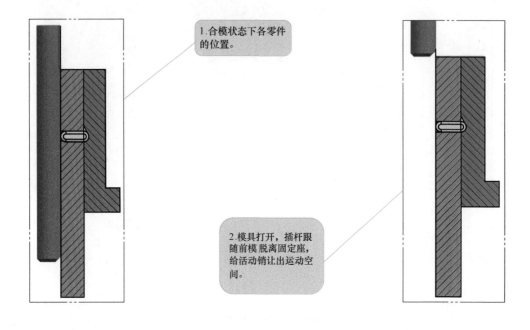

1.合模状态下各零件的位置。

2.模具打开，插杆跟随前模脱离固定座，给活动销让出运动空间。

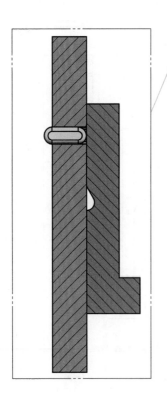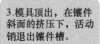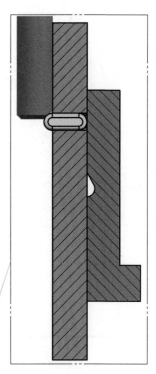

3.模具顶出，在镶件斜面的挤压下，活动销退出镶件槽。

4.合模时，插杆顶在活动销上，驱使活动销杆带着顶针板回位。

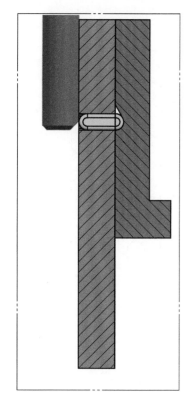

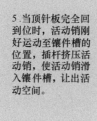

5.当顶针板完全回到位时，活动销刚好运动至镶件槽的位置，插杆挤压活动销，使活动销滑入镶件槽，让出活动空间。

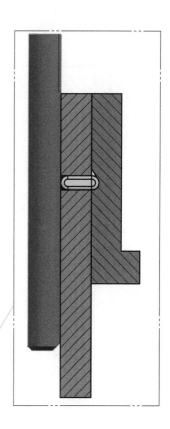

6.继续合模，直至模具完全合到位。

图 3-47　内置式先复位机构（二）动作示意图

设计规范

① 镶件两侧的工字槽作为镶件跟模板之间定位用，如图 3-45 所示。

② 顶出到底时，活动销不可脱离镶件最高面，防止其掉出。设计时请注意镶件的长度。

③ 为防止过早磨损，活动销应使用淬火料，其他件可使用 P20 类材料氮化。

④ 设计时请注意活动销挂台的方向，应在镶件槽的一侧，不能设计到插杆侧，否则活动销有掉落的风险。

⑤ 其他请参考外置式先复位机（一）。

3.5.2.6　内置式先复位机构（二）

该机构是安装在模具内部，利用合模动作完成顶针板先回位的机构之一。此先复位机构动作跟外置式先复位机构（二）功能基本相似，可以看作是外置式先复位机构（二）去掉挡块和镶块，直接安装在模具内部，如图 3-48 所示。

动作原理：

请参考外置式先复位机构（二），二者完全一样。

设计规范

该机构的设计规范与外置式先复位机构（二）相同，详细内容请参考外置式先复位机构（二）。

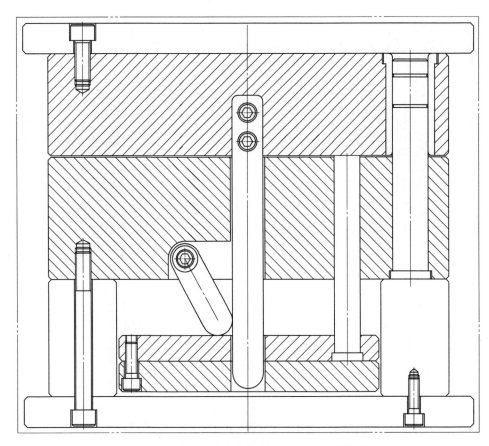

图 3-48　内置式先复位机构（二）安装示意图

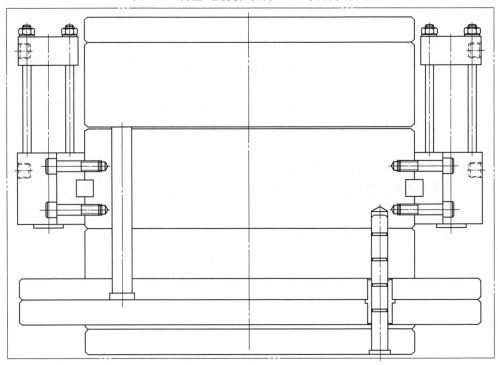

图 3-49　油缸先复位安装示意图

3.5.2.7 油缸先复位机构

油缸先复位机构是靠油缸的顶出力，在合模之前，推动顶针板先回位的结构。其安装示意图如图 3-49 所示。

■ 设计规范

油缸跟模板之间必须做好定位，请注意油缸的摆放位置，两侧一定要保证平衡，且要保证油缸位置不影响机械手抓取产品。油缸其他设计规范请参考油缸顶出相关章节。

第 **4** 章

滑块侧向抽芯系列结构

滑块侧向抽芯机构多用于处理产品外侧倒扣，本章主要讲解与滑块相关的各种复杂的结构。看似复杂，其实多是由简单的结构组合而成。

4.1　滑块上潜伏 / 牛角浇口

某些外观件产品上，外观面不允许有进胶点存在、产品最佳进胶位置又有滑块的时候，我们不得不考虑滑块上进胶。滑块上进胶边胶口类型比较常见，因为边浇口对脱模无太大影响，结构简单。潜伏浇口和牛角浇口模具结构相对麻烦一些，牛角浇口跟潜伏浇口动作原理上差不多，结构都相同。

4.1.1　退顶同步式

退顶同步式是指滑块在后退的同时，顶针顶出浇口，如图 4-1 所示。

动作原理：

水口顶针前面套上弹簧，固定在滑块上，滑块底部做上斜度镶件，滑块在后退的同时，在斜度镶件斜面的作用下，顶针顶出浇口。

合模时，滑块回位的过程中，随着镶件斜面空间的退让，顶针在弹簧的作用下逐渐回位。

▪ 设计规范

① 水口顶针可参考 3.4.1 节顶针延时两次顶出中顶针的做法，既可以做成正反两个顶针的形式，也可以做成整体式。

② 镶件斜面的斜度和滑块的行程应保证顶针有足够的行程顶出水口，设计时应计算好顶出高度，均衡滑块的行程和镶件斜面的斜度。斜度关系如图 4-2 所示。

③ 滑块各参数计算关系式如图 4-2 所示，先确定好顶针所需的顶出行程，再确定滑块的行程，算出镶件斜面的斜度。注意，若非特殊情况，斜面的斜度尽量不要大于 40°。若根据顶出行程和滑块行程计算出镶件斜度大于 40°，可加大滑块行程，使镶件斜面小于40°为止。若顶针所需顶出行程过长，请使用 4.1.2 节所讲的长行程顶出结构。

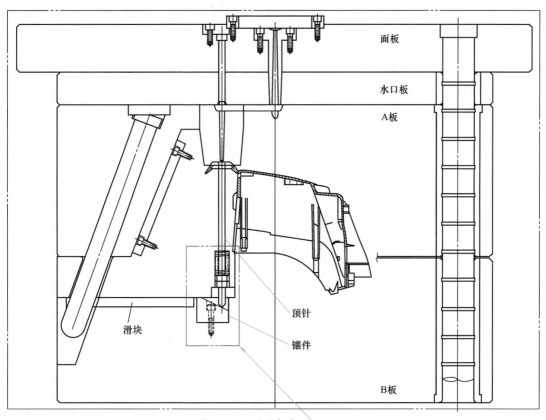

图 4-1 退顶同步式

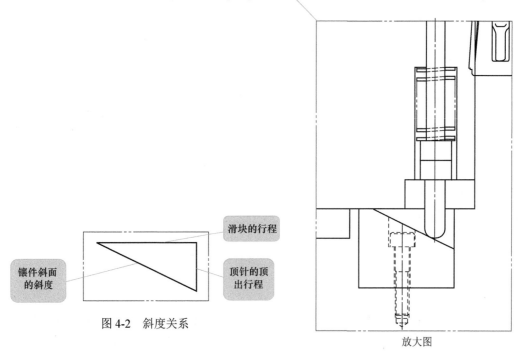

图 4-2 斜度关系

放大图

4.1.2 长行程顶出

长行程顶出相比退顶同步式来说，结构稍微简单一些，适合于潜伏浇口比较深的情况，若滑块行程特别长，水口顶针位置超出顶针板，可把顶针板做成异形。

如图 4-3 所示，图中 S 的距离为滑块的行程，图 4-4 为图 4-3 中顶针部分（红色框）的放大图。该结构顶针的做法就这一种，直接用常规顶针套上弹簧即可。滑块底部的压板上做上水口顶针过孔。

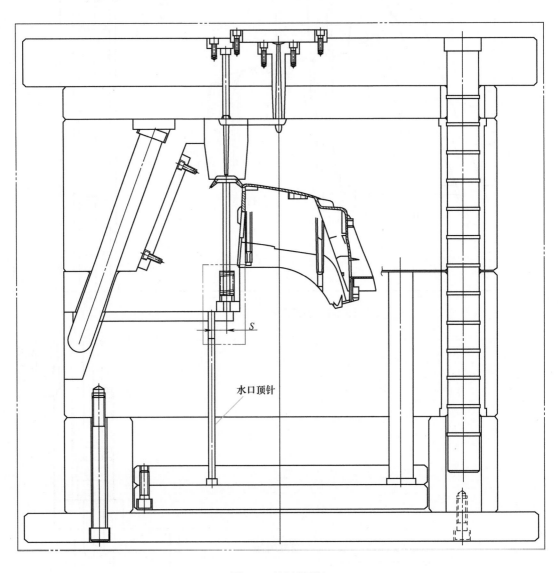

图 4-3　长行程顶出

动作原理：

滑块完全退出后，顶针板顶出时，顶针板上的顶针推动滑块上的顶针顶出水口。

完全顶出后，顶针板回位的同时，滑块上水口针在弹簧的作用力下跟着回位，待顶针板完全回位后，滑块再回位。

设计规范

① 滑块上水口针的行程足够顶出水口即可，此行程越短，弹簧长度就越小，空间占用就越少。

② 滑块完全退出后，滑块上水口针的位置跟顶针板上顶针的位置应同轴。所以，图 4-3 中 S 的距离应刚好等于滑块的行程。

③ 顶针板上顶针的长度，应根据滑块上顶针所需的顶出距离进行调整，以保证顶针板在顶出到底的情况下，水口针顶出距离不会过长，如图 4-4 所示。

④ 此结构顶针板必须做先复位结构，否则会发生撞模事故。

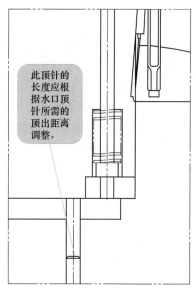

图 4-4　顶针示意图

4.2　滑块延时

根据产品某些结构的需要，模具必须在开模到一定距离时滑块再滑动，例如大水口哈夫滑块、滑块上走滑块、大水口前模先抽等，这时候模具就需要做滑块延时。

滑块延时就是在滑块上斜导柱避空孔处做一段避空，使模具在开模到所需的距离时，斜导柱才驱使滑块运动，如图 4-5 所示箭头处。

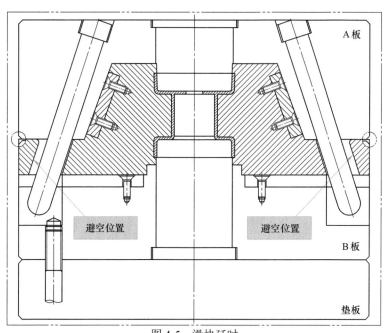

图 4-5　滑块延时

动作原理：

开模时，由于斜导柱跟避空孔之间有一段避空位置。模具必须开模到一定的距离时，斜导柱才能拨动滑块开始运动，开模距离的长短直接由滑块后面的避空孔决定。

合模时，与常规滑块合模动作相同。

设计规范

① 由于延时开模距离长短是由背部避空所决定，为保证回位时斜导柱先于铲基拨回滑块，防止动作错误，避空位置只能做在开模时斜导柱拨动的一侧，如图 4-5 所示。滑块上斜导柱避空孔应是腰形，如图 4-6 所示。

② 延时开模距离要大于实际需要的最小开模距离。比如，需要滑块在模具打开 10mm 之后才开始运动。那么，滑块的实际延时开模距离应大于 10mm。

③ 为方便计算和设计，滑块的延时行程取大于计算结果的整数。比如，根据所需开模距离算出滑块的延时行程为 4.2mm，那么，应直接选 5mm 作为滑块延时行程。

④ 如图 4-7 所示，A 是滑块的延时行程；B 是模具的延时开模距离；α 是斜导柱的角度。已知 B 和 α，计算出的值取整数就是 A 的值。

注意：A 的值 36 取整数是为了方便计算，所以，只要 A 的值取整数即可，不用反过来推算其他值。

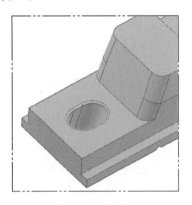

图 4-6　避空孔

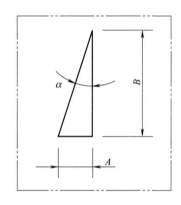

图 4-7　延时关系式

⑤ 为了工作中更方便快捷的设计，此处介绍一种自创的设计方法——如图 4-8 所示的延时设计方法。

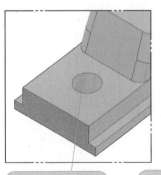

1.滑块上切出斜导柱孔，并做好避空。

2.沿滑块运动方向复制避空孔面。复制的距离为图4-7中A的值。

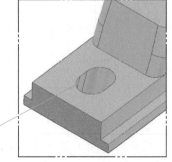

3.对两孔形成的交线倒斜角，移动倒斜角产生的面，从面的端点移动到避空孔圆的象限点。

图 4-8　延时设计方法

此方法适合于 UG7.0 以上版本，低版本的 UG 用户，可以直接沿滑块运动方向复制出斜导柱，再用滑块跟斜导柱求差，后面步骤相同。

4.3 隧道滑块的设计

在某些产品中，产品的侧面局部有倒扣，倒扣的位置离主分型面较远；或因外观影响，倒扣处滑块的分型不宜破主分型面；或者因某些功能性要求，普通滑块难以满足时，就应考虑做隧道滑块，如图 4-9 所示。

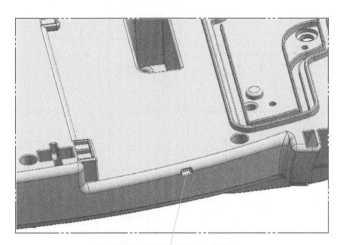

1.产品外观面上有侧孔，为保证外观质量，此孔做隧道滑块。

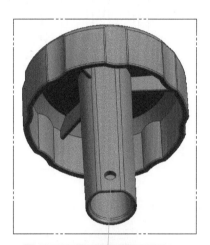

2.产品后模柱子上圆孔倒扣，做斜顶空间不够，离主分型面较远，做隧道滑块比较合适。

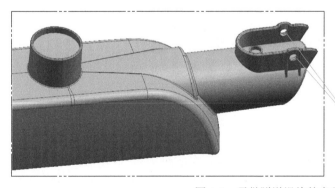

3.产品两圆孔倒扣，此位置圆孔要求同心，做整体大滑块难以保证其同心度，做隧道滑块模仁上的孔可以线割出来，保证其同心度。

图 4-9　需做隧道滑块的产品图

隧道滑块的分型，基本上都是在倒扣的边或 *R* 角处。由于模具结构、布局、空间等因素影响，隧道滑块主要分为带基式、拨块式、单油缸式等几种驱动方式。

4.3.1　带基式隧道滑块

带基式隧道滑块是靠带基驱动滑块活动的隧道滑块，如图 4-10（a）所示。带基式隧道滑块多见于前模隧道滑块。因该做法间隙较小，相对位置和精度要求较高，开模状态下带基不宜与滑块脱离，防止合模时带基不易准确插入滑块。

若细水口模具使用该做法，前模应增加一块先抽芯板，大水口前模隧道滑块用GCI类型模架。

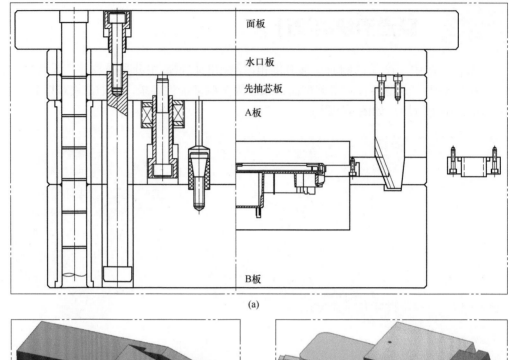

(a)

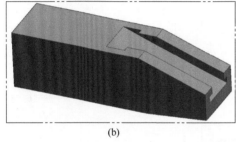

(b)

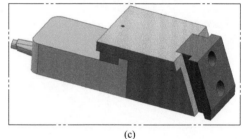

(c)

图4-10　带基式隧道滑块

动作原理：

利用开模动作，带基拉动隧道滑块脱模。

▶ 设计规范

① 此做法是把带基做到模具内部，适合于滑块行程不是特别长、胶位成型面积不是特别大的情况，因为该做法比较占用模具空间。若行程过长或成型面积过大，则会增加模具的体积。

② 带基要做反铲，正常情况下，反铲面高度应全部盖住滑块的成型面。特殊情况下，反铲面高度也不能少于滑块成型面的3/4，滑块位置离分型面较近的。可在后模做反铲。若滑块位置离分型面比较远时，可直接在前模板上做反铲。

③ 若滑块比较小，在不影响模具其他结构或强度的情况下，可在模板上直接线割出滑块槽。若滑块较大，可以如图4-10（b）所示，从前模正面锁压条。

④ 小滑块工字部分可以直接线割出来，若工字处可以拼镶时，应镶出来，如图4-10（c）所示。

⑤ 该做法，带基较长容易偏位，所以开模状态下，带基不宜与滑块脱离，否则合模时不易插入滑块。

⑥ 若成型面积较大、行程较长时，可把带基锁到模具外面，参考后面单油缸式隧道滑块。

4.3.2 拨块式隧道滑块

拨块式隧道滑块是靠拨块驱动滑块活动的隧道滑块。拨块式隧道滑块在完全开模状态下，拨块可以脱离滑块，因此，细水口模具可以直接把拨块做到面板上，大水口模具用GCI 类型模架，如图 4-11（a）所示。

一般来说，只要不是特大行程的隧道滑块，拨块式都适用。

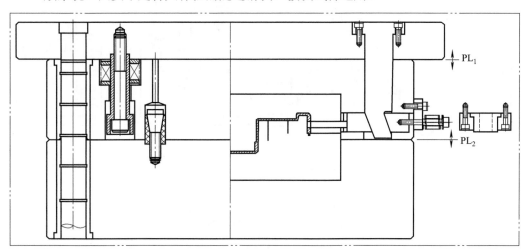

(a)

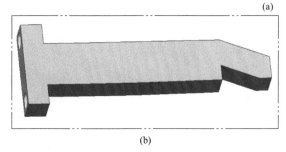

(b)

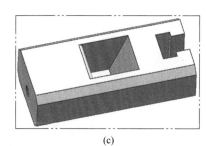

(c)

图 4-11　拨块式隧道滑块

动作原理：

前模拨块隧道滑块的开模动作跟带基式隧道滑块相同，此处省略。

设计规范

① 只要滑块行程不是特别大，滑块成型面积不是特别大时，基本上都可以采用这种方式。

② 除滑块端面是碰穿的小型滑块外，其他滑块均要做反铲。

③ 相对于带基式滑块，该做法相对省模具空间，但其承受锁模力的能力比带基式滑块弱。

④ 根据实际情况，若滑块比较小，在不影响模具其他结构或强度的情况下，可在模

板上直接线割出滑块槽；若滑块较大，可以从前模正面做压条，如图 4-11（a）所示。

⑤ 当不影响模具质量的前提下，既能用带基式滑块，也能用拨块式滑块时，应优先选择拨块式滑块。因拨块式滑块的加工和配模难度均低于带基式滑块。

4.3.3　单油缸式隧道滑块

单油缸式隧道滑块是靠单个油缸驱动滑块完成抽芯动作的隧道滑块，该结构在不需要开模的情况下就能完成动作，如图 4-12 所示。

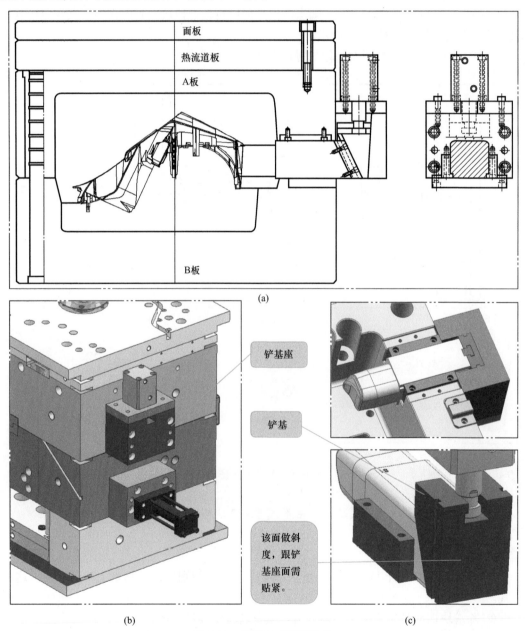

图 4-12　单油缸式隧道滑块

单油缸式隧道滑块是由带基式滑块演变而来，对滑块成型面积的大小无特殊要求，只要不是特大行程的隧道滑块，该方式都适用，且不影响模具空间。

动作原理：

开模前，油缸拉动铲基，铲基带动滑块后退到底，模具再打开。合模时，若无动作先后顺序要求，在合模前或合模后回位均可。

设计规范

① 该结构一般用于滑块成型面积比较大的模具，滑块行程只要不是特别长均适合。

② 模具自身因结构影响无法使用开模来完成结构动作时，才采取油缸抽动的形式来完成动作，设计时应选用大规格的油缸，以确保能提供足够的开模力。

③ 铲基需要在铲基座上滑动，因此，必须做好铲基跟铲基座之间的导向，一般做成工字导向，如图4-12（c）所示。铲基座跟模板之间必须做好定位。

④ 铲基背面需做斜度，在合模状态下应跟铲基座贴紧，以保证在较大的注塑压力下能锁紧滑块，防止滑块后退。

4.4 哈夫滑块

哈夫滑块的称呼，来自英文"half"的谐音。half的意思是一半，哈夫滑块是指两个滑块合在一起构成型腔，哈夫滑块多见于一些圆形的产品，如图4-13所示。

图4-13 哈夫滑块产品图

哈夫滑块的设计参数与普通滑块无异，唯一的区别是滑块之间的定位。普通滑块只需考虑好滑块跟模仁之间的定位即可，哈夫滑块则需要考虑滑块与滑块间的定位。

设计规范

① 哈夫滑块多用于圆形产品，两滑块合在一起即产品外形。

② 两滑块之间的定位，最常见的有虎口定位和侧面定位，如图4-14所示。虎口定位

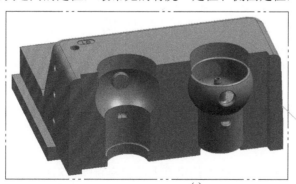

滑块与滑块之间的定位（侧面定位）。

(a)

图4-14

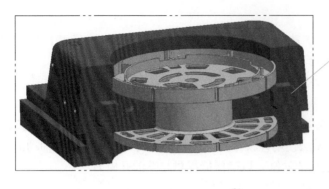

滑块与滑块之间的定位（虎口定位）。

(b)

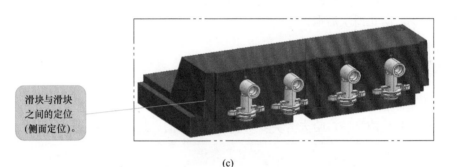

滑块与滑块之间的定位（侧面定位）。

(c)

图 4-14　滑块定位

比侧面定位需要更大的空间，一般来说，需要把滑块拿出模具来接哈夫线的，用虎口定位比较好；反之，可以考虑用侧面定位，更节省模具空间。

4.5　前模斜弹

前模斜弹是前模滑块的一种，常见于外观件侧面有倒扣的情况。很多时候，做前模斜弹的模具看起来用后模滑块也可以做出来。于是，在选择后模滑块还是前模斜弹时，很多人便难以抉择。

判断用前模斜弹还是后模滑块，可以参考下面几条标准。

① 产品是否是外观件。外观件对外观要求会非常高，若外观面的倒扣做后模滑块，滑块与前模的断差难以精确控制，往往会比较大，直接导致产品表面的分型线较大且非常明显，摸上去会有刮手的感觉，对产品的外观影响较大。而前模斜弹，由于整个斜弹块都是在前模，合模状态的最终定位也是在前模，因此，它跟前模之间的间隙可以做到非常小，分型线处比较容易接顺，外观做出来会比后模滑块要漂亮。

② 产品是否便于从模具中取出。对于一些深腔的产品，如果倒扣距离较短，若做后模滑块，仅滑出倒扣距离时，产品不太好取出。而前模斜弹在开模后，斜弹是停留在前模侧，不影响取产品。

③ 能否有效减小模具尺寸。在一些大的模具上，前模斜弹相对后模滑块来说，占的空间要小一些，可适当缩小模具尺寸，在保证模具质量的前提下，降低模具成本。

4.5.1　前模斜弹（一）

动作原理：

如图 4-15 所示，开模时，在拉钩、弹簧胶、弹簧的作用下，斜弹块沿导向块弹出，当限位块顶到限位槽端面时，斜弹块运动结束。

斜弹块在运动结束前，跟后模在高度方向的相对位置不变。

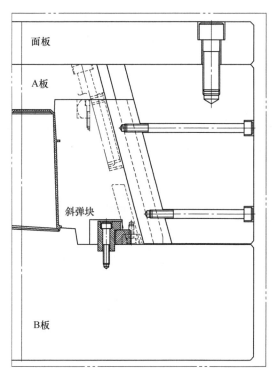

面板

A板

斜弹块

B板

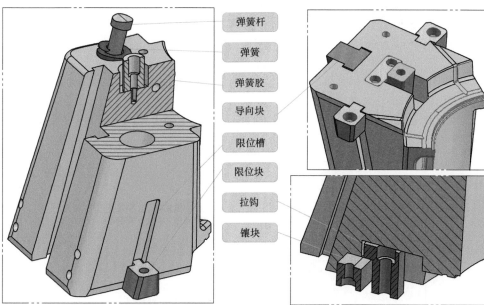

弹簧杆

弹簧

弹簧胶

导向块

限位槽

限位块

拉钩

镶块

图 4-15　前模斜弹（一）

设计规范

① 斜弹一定要做拉钩，因为在注塑压力下，模具会被胀开，在压力撤销后，模具缩回时，斜弹有可能被包紧，仅靠弹簧和弹簧胶很难保证一定可以弹开。拉钩的背面一定要做避空，避空距离应大于斜弹的行程，否则模具会干涉。拉钩跟镶块间的配合面必须做斜度，以保证能顺利合模。

② 弹簧胶的作用是辅助开模，弹簧的作用是当斜弹块运动结束时，顶住不让它回弹。

③ 限位块是作为斜弹限位用，保证斜弹在开模结束后不脱离前模，不掉出模具。限位槽的斜度跟导向块斜度相同。

④ 为保证斜弹运动顺畅，减小加工、配模的工作量，滑块背面铲基面的斜度应大于导向块 2°～3°，如图 4-16 所示。

⑤ 斜弹左右两侧均需要斜度配合，不能避空。

⑥ 斜弹块左右两侧应各有一段直身面作为加工取数基准，前后两侧应至少有一直面作为加工取数基准。

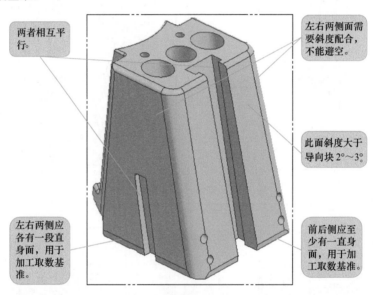

图 4-16　前模斜弹（一）设计规范

⑦ 限位块靠近斜弹铲背面一侧应做成斜面，斜度不小于导向块的斜度，以便于安装，如图 4-17 所示。

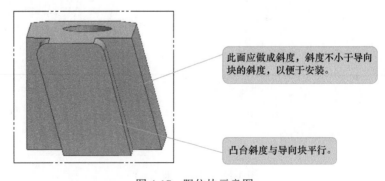

图 4-17　限位块示意图

⑧ 弹簧的斜度应与导向块平行，斜弹导向块的斜度取值一般不超过 25°。

⑨ 该做法适用于中大成型面积的斜弹。一般来说，只有因斜弹太小做不上拉钩组件时才考虑用本节后面所讲的斜弹形式。

4.5.2　前模斜弹（二）

此类型前模斜弹类似于斜顶的外形，多用于行程较小、中小型成型面积的产品上，此种形式占用更小的模具空间。

根据产品实际情况，若导向长度够的情况下，两侧的导向槽可以取消；若导向较少时，为了不因为导向而增加模具厚度，可在两侧做导向槽，如图 4-18 所示，或者在背面增加工字导向。

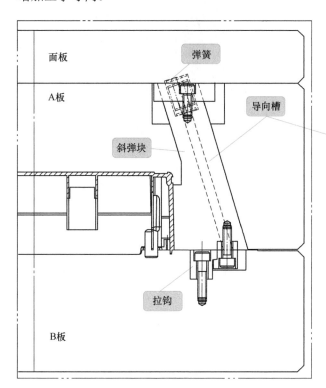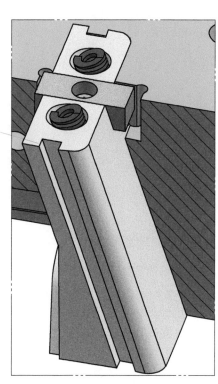

图 4-18　前模斜弹（二）

动作原理：

开模时，在拉钩、弹簧的作用下，斜弹块弹出，该结构动作同斜顶类似，只是驱动力不同，斜顶是靠顶出力驱动出模，而斜弹是靠弹簧拉钩的力出模。斜弹块在运动结束前，跟后模在高度方向的相对位置保持不变。

▪ 设计规范

① 该做法适用于中小成型面积的斜弹。若成型面积小，成型面平顺，无太大包紧力，不够空间做拉钩时，可以不做拉钩。若成型面积较大，成型面比较复杂，易粘斜弹时，必须做拉钩。如图 4-19 所示。

② 弹簧的作用是辅助开模，当斜弹块运动结束时，弹簧顶住不让其回弹。

③ 限位块是作为斜弹限位用，保证斜弹在开模结束后不脱离前模，不掉出模具。

④ 弹簧的斜度应跟斜弹运动方向平行。

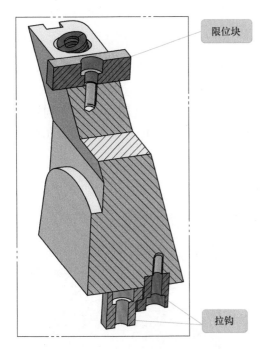
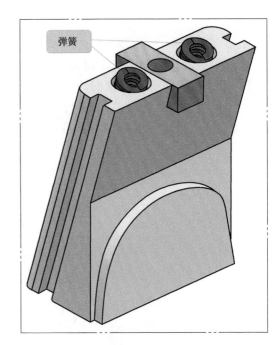

图 4-19　前模斜弹（二）设计规范

4.5.3　小型前模斜弹

如果需要做斜弹的区域成型面积较小，成型面简单光顺，对斜弹不产生过大的包紧力，前模斜弹可以做成如图 4-20 所示的两种形式。

这种形式的前模斜弹跟 4.5.2 前模斜弹（二）的动作原理都一样，不同的是，这种斜弹直接靠弹簧弹出，没有拉钩等零件，外形更接近于斜顶，占用模具空间更小，结构简单，加工简单，安装方便。

这两种形式的斜弹本质上没任何区别，如图 4-20（b）所示的斜弹，由于两侧均有弹簧，比较平稳，适用于成型面稍大的场合；如图 4-20（c）所示的斜弹，用于成型面积特别小，只用单个弹簧弹出的场合。

从模具安全和稳定性来说，如果可以做成如图 4-20（b）所示的形式，则尽量做成这种形式。

动作原理：

该结构动作原理与 4.5.2 节前模斜弹（二）一样，此处省略。

■ 设计规范

① 该做法适用于成型面积小，成型面平顺、光滑的前模斜弹。

② 该斜弹开模主要靠弹簧的作用力，当斜弹块运动结束时，弹簧顶住不让它回弹。弹簧的斜度应跟斜弹运动方向平行。

③斜弹靠锁在斜弹上的等高螺钉限位，如图4-20（a）所示。

④斜弹回位时，靠后模分型面直接压回。

⑤其他外形和斜度可参考斜顶的设计方法。

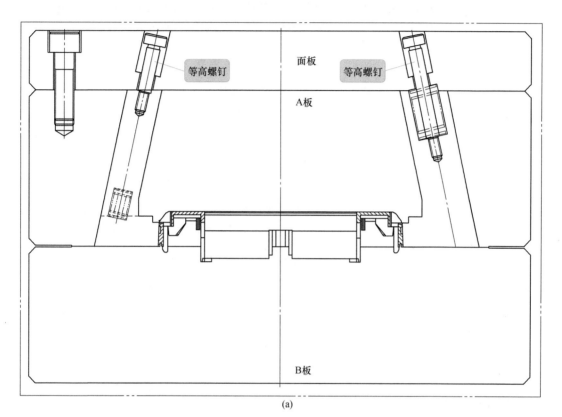

(a)

(b)

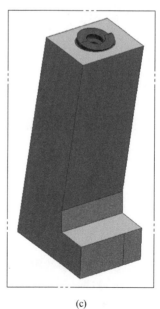

(c)

图4-20　小型前模斜弹

4.6 斜滑块的设计

在产品中，常见的滑块方向跟模具左右侧或天地侧平行，当产品侧向倒扣方向变斜，滑块方向跟模具的左右侧或天地侧呈现单一角度或多角度，这种滑块便称为斜滑块。此节所讲斜滑块是指具备滑块特征（如压条、限位、斜导柱等）的斜向滑块。

4.6.1 平面斜滑块

平面斜滑块是垂直于开模方向的平面上的斜滑块，该滑块活动方向与开模方向垂直。如图4-21所示产品，该产品无论怎么摆放，总有一侧滑块是斜滑块，但该滑块只是在垂直于开模方向的平面上成角度，滑块的运动方向跟开模方向成90°，如图4-22所示。

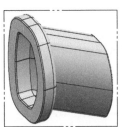
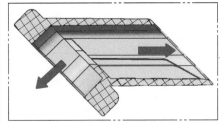

> 红色箭头所示意的两滑块方向在平面上成角度。

图4-21　平面斜滑块产品图

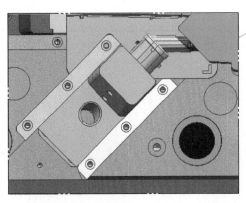
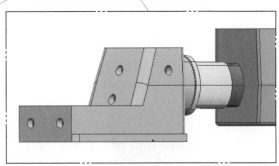

> 滑块运动方向与开模方向成垂直状态。

图4-22　平面斜滑块

动作原理：

滑块动作跟普通滑块一样。

▌ 设计规范

① 滑块各参数跟普通滑块一样。

② 设计时，通过拔模分析先找准滑块的方向，再以此方向为基础开始设计。

此处，分享一个笔者常用的设计技巧，如图4-23所示，按此思路进行设计会比较方便，避免出错。

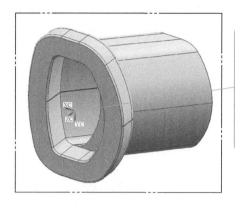

1.以产品倒扣上现有的边线或面，找出滑块的方向，使坐标系的其中一轴与之平行。

2.复杂的产品可能要通过好多步骤才能找出滑块方向，在这过程中，可以边调整边分析，直到找到准确的方向为止。

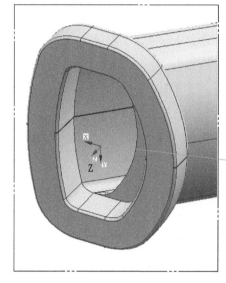

3.确定好方向且摆好坐标后，保存当前坐标系，后续该滑块的所有设计都在该坐标系下完成。

图4-23　斜滑块设计步骤

4.6.2　上斜式斜滑块

上斜式斜滑块指滑块运动方向偏向于前模侧的斜滑块。在如图4-24所示的产品中，倒扣方向偏向于前模侧。

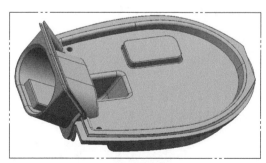

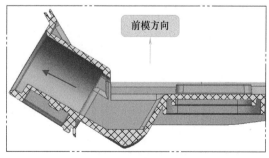

前模方向

图4-24　上斜式斜滑块产品图

上斜式斜滑块的驱动方式、限位、拼镶等跟普通滑块相同，重点注意计算斜导柱的长度和斜度，其他均可按照普通滑块的设计思路。

动作原理：

斜滑块动作跟普通滑块一样。

设计规范

① 采用油缸驱动的上斜式斜滑块跟普通滑块一样设计，若采用斜导柱类驱动方式的，需注意其计算方式。

计算步骤（根据如图 4-25 所示参数关系）：

a. 先根据产品实际倒扣尺寸确定滑块行程 A 的值。

b. 测出倒扣的脱模斜度，确定滑块角度 α 的值，在软件中画出 A 尺寸的线条。

c. 确定斜导柱的斜度 β 的值，画出 B 尺寸的线条。注意，斜导柱的斜度以开模方向为参考的角度。

d. 以 A 尺寸线条的端点画一条水平线与 B 尺寸线条相交，测量各尺寸，便得出各理论值。

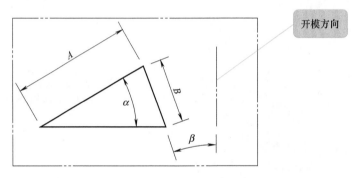

图 4-25 斜滑块各参数

A—滑块行程；B—斜导柱长度；α—滑块的角度；β—斜导柱的角度

② 斜导柱和开模方向的夹角 β 为 15°～25°，该取值范围跟普通滑块相同。

③ 铲基面的斜度比斜导柱的斜度大 2°～3°，如图 4-26 所示。注意，都是以开模方向为基准。

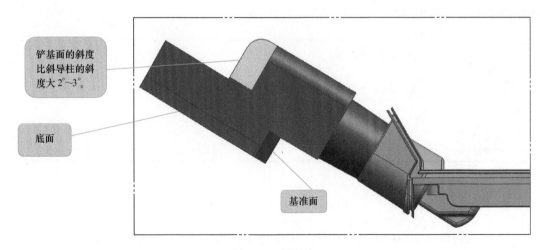

图 4-26 斜滑块

④滑块底面的斜度跟产品倒扣的脱模方向平行。

⑤滑块基准面跟底面需垂直，基准面作为取数和定位用，跟普通滑块相同。

⑥理论上此结构适用于产品外侧斜倒扣，倒扣斜度不大于40°时，具体视产品实际情况灵活运用。

此处，分享一个笔者总结的斜滑块设计技巧，如图4-27所示，按此思路进行设计会比较清晰，避免出错。

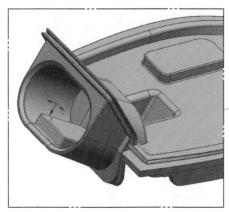

1.按照前面教的方法，找出斜倒扣的出模方向，并保存好坐标系。

2.在保存的坐标系下画好滑块的外形，调整好滑块的尺寸。

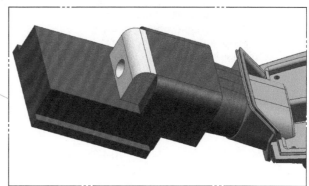

开模方向

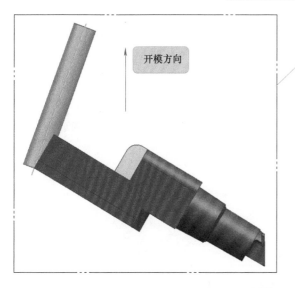

3.在滑块的中心画上斜导柱，并转好斜导柱的角度。注意，斜导柱的角度是跟开模方向的夹角。

图 4-27

4.移动斜导柱至合适的位置，切出避空孔，做好倒角。

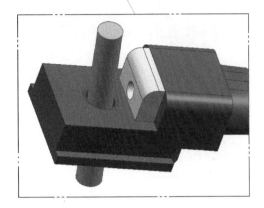

5.以避空孔的最大点画一条竖直线，沿滑块活动方向（红色箭头方向）以滑块的行程值复制出一条新的直线。

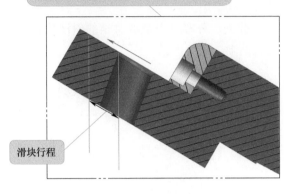

滑块行程

6.斜导柱倒好角，沿斜导柱的轴向移动斜导柱（红色箭头示意方向），使斜导柱的最大点刚好在新产生的直线上，即圆头与直线相切（注意：在实际画图的过程中，为节省时间，移动斜导柱至两者之间的间隙小于0.1mm即可，不需要保证圆头跟线绝对相切）。

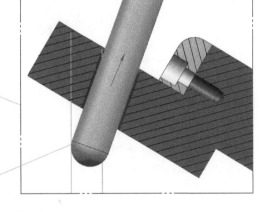

圆头与直线相切。

图 4-27　斜滑块设计技巧

4.6.3　下斜式斜滑块

下斜式斜滑块与上斜式斜滑块刚好相反，它的运动方向偏向于后模侧，如图 4-28 所示。

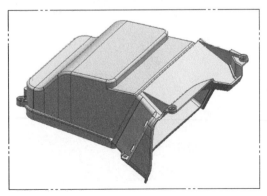

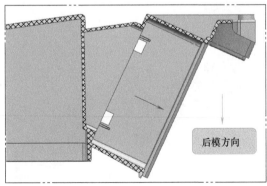

后模方向

图 4-28　下斜式斜滑块产品图

下斜式斜滑块的驱动方式、限位、拼镶等跟上斜式斜滑块相同，斜导柱的计算方式也基本一样。

动作原理：

斜滑块动作跟普通滑块一样。

设计规范

① 采用油缸驱动的下斜式斜滑块与普通滑块的设计是一样的。若采用斜导柱类驱动方式，请参考图 4-29 所示的各斜度参数。

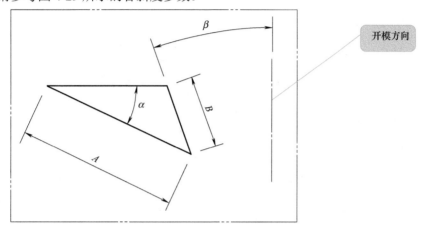

图 4-29　各斜度参数

A—滑块行程；*B*—斜导柱长度；*α*—滑块的角度；*β*—斜导柱的角度

计算步骤（如图 4-29 所示三角形）：

a. 先根据产品实际倒扣尺寸确定滑块行程 *A* 的值。

b. 测出倒扣的脱模斜度，确定滑块角度 *α* 的值，在软件中画出 *A* 尺寸的线条。

c. 确定斜导柱的斜度 *β* 的值，画出 *B* 尺寸的线条。注意：斜导柱的斜度是以开模方向为参考的角度。

d. 以 *A* 尺寸线条的端点画一条水平线与 *B* 尺寸线条相交，测量各尺寸，便得出各理论值。

② 斜导柱和开模方向的夹角 *β* 为 8°～20°。滑块斜度越大，斜导柱斜度应相应做小。

③ 铲基面的斜度比斜导柱的斜度大 2°～3°。注意：都是以开模方向为基准。

④ 滑块底面的斜度跟产品倒扣的脱模方向平行。

⑤ 滑块基准面等的设计同上斜式斜滑块。

⑥ 此类型滑块若采用斜导柱驱动，靠前模铲基直接锁模，滑块的斜度应小于 25°。若滑块斜度大于 25°，则不适合直接做斜导柱驱动和前模铲基锁模，应改用其他驱动方式和锁模方式，如油缸抽芯、滑块带动滑块抽芯等。实际工作过程中，具体视产品实际情况灵活运用。

⑦ 此结构适用于产品外侧斜倒扣，设计思路请参考上斜式斜滑块。

总结

一般来说，上/下斜式斜滑块，若滑块的活动方向在垂直于开模方向的平面上的投影，与模架的长／宽方向平行，如图4-30所示，那么，设计时稍微简单一些。若碰到产品倒扣呈现多角度，即滑块的活动方向在垂直于开模方向的平面上的投影，与模架的长／宽方向呈现角度，设计时应结合本节所讲的所有斜滑块的设计方式，设计方法大同小异。上／下斜式斜滑块示意图如图4-30所示。

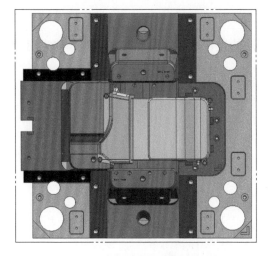
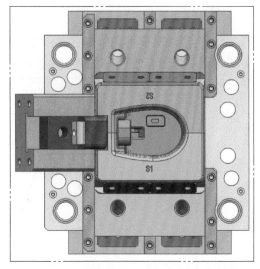
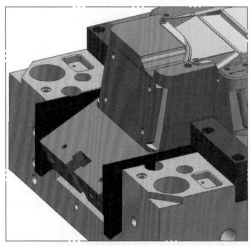
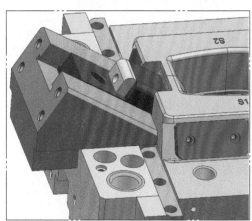

图 4-30　上／下斜式斜滑块示意图

4.7　斜抽芯

　　斜抽芯是斜滑块的演变，有些人往往会把斜抽芯叫作斜滑块。斜抽芯与斜滑块的区别在于，斜滑块主要用于产品外侧，具备明显的滑块特征（如压条、限位、斜导柱等）。而斜抽芯运动原理虽与滑块相似，却不一定具备这些明显的滑块特征。

　　斜抽芯多用于产品外侧有斜向倒扣，因斜度过大等原因斜滑块无法实现时；或者产品内部的斜向倒扣脱模时。

　　根据其位置的不同，在前模侧的称为前模斜抽芯，在后模侧的称为后模斜抽芯。由于倒扣斜度大小不同，其做法又分为纵向斜抽芯、横向斜抽芯、侧向斜抽芯等不同的形式。

4.7.1　纵向斜抽芯

纵向斜抽芯是指利用开模动作，斜抽座拉动斜抽完成抽芯动作，且驱动力无转换的斜抽芯。

4.7.1.1　大水口前模纵向斜抽芯

大水口前模纵向斜抽芯，是指大水口模具，斜抽芯做在前模侧，利用 A 板跟面板之间的开模动作，完成斜抽芯的结构。由于 A 板跟面板之间要开一次模，所以应使用 GCI 模架，如图 4-31 所示。

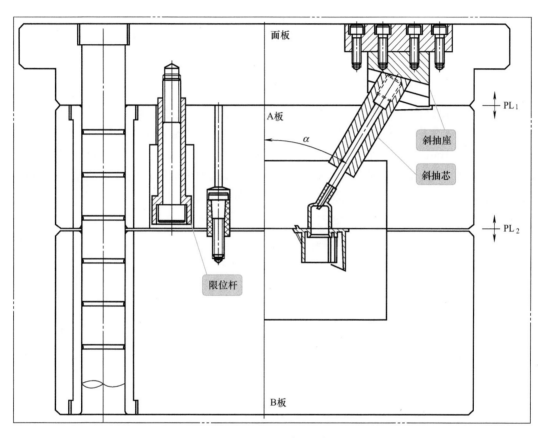

图 4-31　大水口前模纵向斜抽芯

动作原理：

开模时，在开闭器的作用下，PL_1 处先开模，斜抽座带动斜抽芯后退至预设行程后，限位杆拉住 A 板，使开闭器与 A 板脱离，PL_2 处打开。

🔧 设计规范

① 纵向斜抽芯无论是在前模侧还是在后模侧，活动方向与开模方向的夹角应小于30°，即图 4-31 中角度尺寸 α 的值，角度越大，风险系数越高。若 $\alpha < 15°$，则斜抽座的工字面做平，不需要做斜度，如图 4-32 所示。

② 前模斜抽芯若有部分插入后模，或在后模滑块镶件下方，必须在前后模完全回到位后，斜抽才能回位，模具需装合模顺序控制机构或氮气弹簧，否则会撞模。

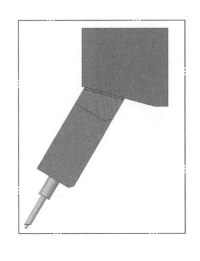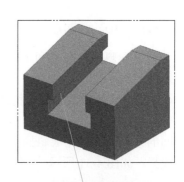

若 $\alpha < 15°$，则斜抽座工字面做平，不需要做斜度。

图 4-32　纵向斜抽芯

氮气弹簧和机械合模顺序控制机构之间，氮气弹簧能更精准地控制合模顺序，模具动作失效风险非常小，所以，应优先选择氮气弹簧。若对合模位置要求无需特别精准，前后模之间留有 1mm 以下未完全合拢，模具都不会产生干涉时，才可选用机械合模顺序控制机构。如图 4-33 所示结构中，图 4-33（b）所示形式才可选用机械合模顺序控制机构；图 4-33（a）所示形式需要精确控制，选用氮气弹簧更可靠。

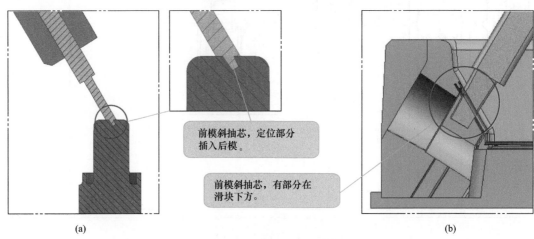

前模斜抽芯，定位部分插入后模。

前模斜抽芯，有部分在滑块下方。

（a）　　　　　　　　　　　　　　　　　　　　　　（b）

图 4-33　合模状态位置图

③ 因该结构是靠斜抽座拉动开模，主要受力是在工字槽上，所以，工字槽必须有足够的厚度，如图 4-34 所示，否则容易断裂。

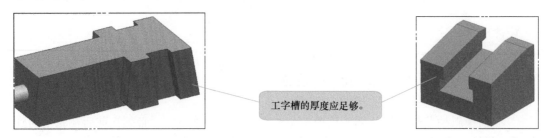

工字槽的厚度应足够。

图 4-34　斜抽工字槽

④ 若斜抽座工字需要做斜，斜度尽量不要超过 15°。

⑤ 斜抽芯各参数计算方式跟斜滑块类似，详细可参考图 4-35。

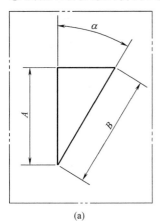 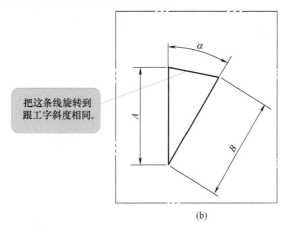

把这条线旋转到跟工字斜度相同。

(a) (b)

图 4-35 斜抽芯各参数关系

A—开模行程；B—斜抽行程；α—斜抽的角度

计算步骤（如图 4-35 所示参数关系）：

a. 先根据产品实际倒扣尺寸确定斜抽行程 B 的值。

b. 测出斜抽的脱模斜度，确定斜抽角度 α 的值，在软件中画出 B 尺寸的线条。

c. 若斜抽座工字无斜度，直接从 B 尺寸线条的两个端点画两条相交直线，即可测出开模行程 A 的值，如图 4-35（a）所示。

d. 若斜抽座工字有斜度，从 B 尺寸线条的两个端点画好两条相交直线后，把图 4-35（b）中红色线条所指直线旋转到跟工字斜度相同的角度，修剪掉两条相交直线多余的部分，即可测出开模行程 A 的值。

e. 由于前模要开一次模，浇口套必须做斜度，详细请参考前模先抽芯章节浇口套的做法。

f. 斜抽芯的封胶面应有斜度，导向面的大小应足够，以保证其运动的稳定性。

4.7.1.2 大水口后模纵向斜抽芯

大水口后模纵向斜抽芯是指大水口模具的斜抽芯做在后模侧，利用推板跟 B 板之间的开模动作完成抽芯的结构。由于后模需要开一次模，所以应使用带推板的模架，如图 4-36 所示。

总的来说，模具的开模顺序跟后模先抽芯类似，其开模驱动力也可根据模具实际需要参考选择后模先抽芯章节所介绍的方式。

动作原理：

后模纵向斜抽芯模具，若能使用顶出式后模先抽芯的结构，则应采用该结构，因其稳定性和受力均不错。若采用开闭器驱动推板，则需根据模具实际情况，确定开闭器是否需要延时。

若采用油缸驱动，由于油缸动作可独立完成，模具必须是 A 板与推板之间先开模之后，再让推板跟 B 板之间开模。

模具的动作原理和驱动力与先抽芯结构动作类似，详细可参考先抽芯相关章节所讲内容。

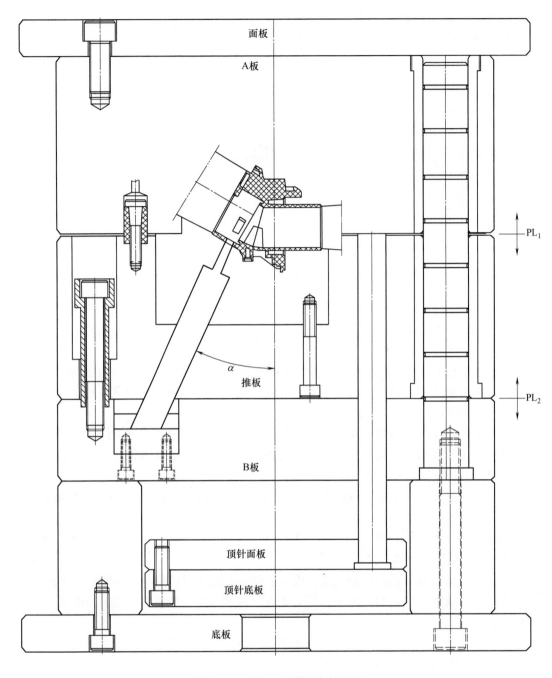

面板

A板

PL₁

推板

PL₂

B板

顶针面板

顶针底板

底板

图 4-36   大水口后模纵向斜抽芯

设计规范

①斜抽芯斜度、工字槽、导向面等参数的设计请参考大水口前模纵向斜抽芯。

②推板根据实际需要，选择先抽芯章节所讲的驱动方式。如若可以使用顶出式后模先抽芯的驱动方式，则不应考虑开闭器式。

③若采用油缸驱动，只需在注塑机上设置好油缸先后动作即可。

④ 先抽芯的活动方向与开模方向的夹角（如图 4-36 所示的 α 值）应小于 30°。

⑤ 模具的动作顺序请参考后模先抽芯相关章节。

4.7.1.3 细水口前模纵向斜抽芯

由于细水口模具前模本来就要开模，而本结构要求斜抽座不能脱离斜抽，因此，细水口前模纵向斜抽芯一般都是在细水口模架的基础上，在 A 板底部增加一块抽芯板，该模架跟细水口前模先抽芯一样。细水口前模纵向斜抽芯的结构如图 4-37 所示。

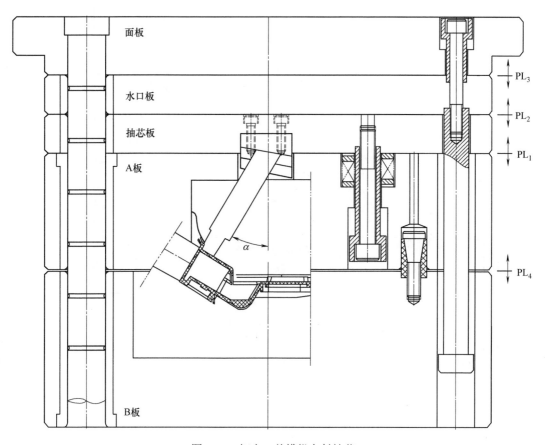

图 4-37 细水口前模纵向斜抽芯

动作原理：

① 模具正常打开，由于 A、B 板之间由开闭器锁住，模具先打开 PL_1 或 PL_2 处，因加工精度、环境、使用条件、产品包紧力等各方面因素的影响，这两处开模先后顺序不确定，但不影响模具功能和实际生产。

② PL_1 和 PL_2 处打开后，再开 PL_3 处，在限位杆和拉杆的共同作用下，最后打开 PL_4 处。

▪ 设计规范

① 拉杆拉到底后直接作用在抽芯板上。模具设计时，应注意前模板上的拉杆避空孔应是大于拉杆挂台的通孔。

② 斜抽封胶面、参数、角度等各项的设计，请参考大水口纵向斜抽芯部分。

4.7.1.4 细水口后模纵向斜抽芯

细水口后模纵向斜抽芯如图 4-38 所示。跟大水口模具的做法一样，无论采用何种驱动方式，均可参照大水口模具的做法。

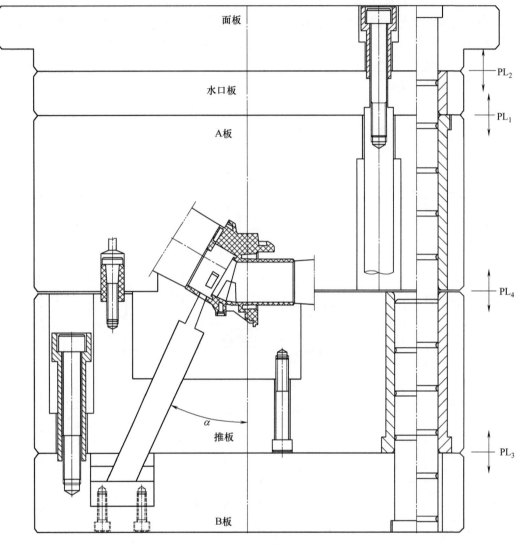

图 4-38　细水口后模纵向斜抽芯

动作原理：

① 模具正常打开，由于 A 板和推板之间由开闭器锁住，理论上模具先打开 PL_1 处，再打开 PL_2 或 PL_3 处。因加工精度、环境、使用条件、产品包紧力、斜抽阻力、水口针阻力等各方面因素的影响，PL_2 和 PL_3 处开模先后顺序不一定，但不影响模具功能和实际生产。

② 根据实际情况，若模具要求 PL_3 处必须在其他板完全打开后再开模，需根据不同的驱动方式选用不同的控制机构，模具动作控制请参考大水口后模纵向斜抽芯相关章节。

设计规范

① 斜抽封胶面、参数、角度等各项的设计，请参考大水口纵向斜抽芯的设计。

② 推板的驱动方式及注意事项，请参考大水口纵向斜抽芯的方式。

③ 若采用油缸驱动，只需在注塑机上设置好油缸先后动作即可。

4.7.2　横向斜抽芯

当斜抽活动方向与开模方向的夹角大于 30°时，再使用纵向斜抽芯，模具风险将成倍增加。为保证模具生产的稳定性和安全，把斜抽座的拉动方向和驱动力进行调整，便得到横向斜抽芯这种结构。

横向斜抽芯是指靠横向滑块带动的斜抽芯，其驱动一般有油缸类和机械式两种形式。

4.7.2.1　**大水口前模横向斜抽芯**（油缸类驱动）

油缸类驱动的大水口前模斜抽有两种形式，一种是面板跟 A 板之间不用开模，如图 4-39（a）所示；另一种是面板跟 A 板之间需要开模，如图 4-39（b）所示。其 3D 示意图如图 4-40 所示。

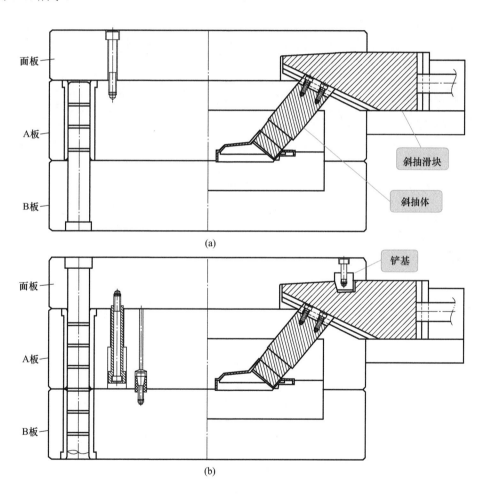

图 4-39　大水口前模横向斜抽芯（油缸类驱动）

这两种形式的区别在于斜抽滑块是否需要做铲基。若斜抽成型面积较大，则斜抽滑块必须做铲基，防止被注塑压力打退；若斜抽成型面积不大，或斜抽成型面中间大面积碰穿，滑块可不做铲基。

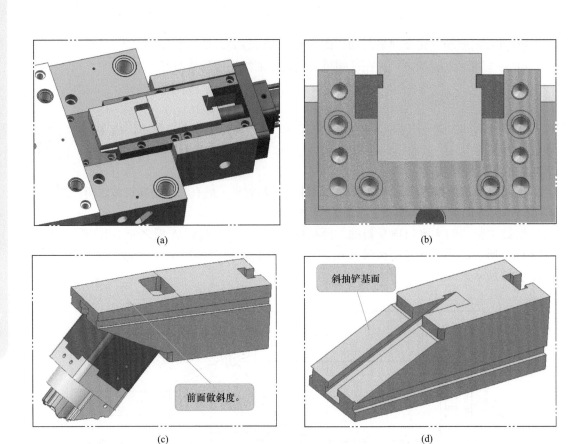

图 4-40　大水口前模横向斜抽芯 3D 示意图

若不做铲基，模具结构和动作比做铲基要简单许多。因此，视实际情况而定，如果不做铲基不影响模具功能时，可以选择不做。

动作原理：

① 没铲基时，在合模状态下，油缸直接抽动斜抽退出。然后 A、B 板开模，完成模具动作。回位时，可在 A、B 板完全合到位后，油缸再推动斜抽回位。

② 有铲基时，必须让铲基脱离滑块后斜抽再退出。因此，面板跟 A 板开一段后停止开模，待斜抽退出后，模具再继续打开。

合模时，若斜抽在模具合模前先回到位后模具不会产生干涉时，可在模具开始合模前，让斜抽先回位；若会产生干涉，则必须让 A、B 板先合模后，斜抽再回位，最后面板与 A 板处再合模。模具需增加合模顺序控制机构或氮气弹簧，以控制合模顺序。

设计规范

① 斜抽滑块背面必须做斜度，以保证滑块能完全锁紧斜抽。

② 理论上，斜抽与开模方向的夹角无论大小均可以做此类斜抽。实际设计过程中，因模具空间、斜抽滑块的大小、行程、位置、长度等各因素对模具的影响，夹角大于 25°时才考虑做此类型斜抽。

③ 横向斜抽芯各参数计算方式跟纵向斜抽类似，详细可参考图 4-41。

计算步骤（如图 4-41 所示参数关系）：

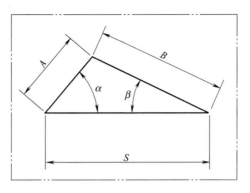

图 4-41　横向斜抽芯各参数关系

A—斜抽的行程；B—斜抽铲基面有效运动长度；α—斜抽的角度；β—斜抽铲基面的角度；S—滑块的行程

a. 先根据产品实际倒扣尺寸确定斜抽行程 A 的值。

b. 测出斜抽的脱模斜度，确定斜抽角度 α 的值，在软件中画出 A 尺寸的线条。

c. 确定斜抽铲基面角度 β 的值，从 A 尺寸线条的端点以 β 值画出 B 尺寸的线条。

d. 从 A 尺寸线条的另一端点画条水平直线，与 B 尺寸线条相交。修剪掉多余的部分，得出图中三角关系式，测量各尺寸值，便得到斜抽各参数。

④ 若斜抽成型面积过大，滑块必须做铲基，否则在注塑压力下滑块容易后退。若成型胶位面较少，可不做铲基，模具可以在未开模的状态下就先抽开斜抽芯，如图 4-39 所示。

⑤ 铲基背面跟面板配合处应做一段斜面，以保证能锁紧斜抽，防止强大注塑压力下斜抽后退。

⑥ 若斜抽在 A、B 板合模前先回位，模具会有干涉时，请注意增加合模顺序控制机构和行程开关。

4.7.2.2　大水口前模横向斜抽芯（机械式驱动）

机械式驱动的方式有很多种，如：斜导柱、拨块、工字带基等。斜抽滑块可直接按常规滑块设计，由于有铲基，便少了锁模力的顾虑，不用担心斜抽被注塑压力打退，如图 4-42 所示。

动作原理：

模具正常打开的情况下，工字带基拉动滑块后退，滑块带动斜抽后退。模板开模顺序跟前模纵向斜抽相似。

设计规范

① 大水口模具由于面板跟 A 板之间有限位，所以工字带基（斜导柱、拨块等）不用脱离斜抽滑块，滑块可以不做限位。

② 斜抽滑块的做法跟常规滑块相同。

③ 若斜抽滑块顶面与面板之间存在间隙，没被面板压住，需做整块压板压住滑块，以便能承受斜抽的注塑压力，防止斜抽后退，如图 4-43 所示。

4.7.2.3　细水口前模横向斜抽芯

细水口前模横向斜抽芯有两种形式，如图 4-44 所示。图 4-44（a）所示形式是油缸驱动，图中铲基可根据实际情况选择取消或使用；图 4-44（b）所示形式是拨块驱动。

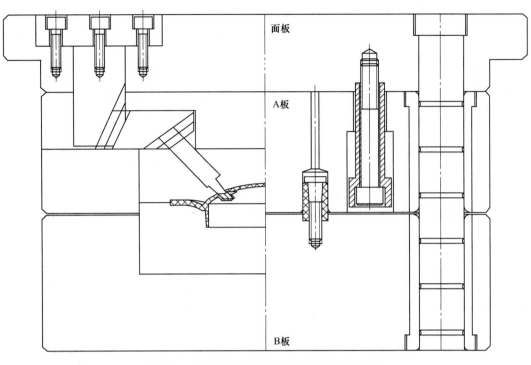

图 4-42　大水口前模横向斜抽芯（机械式驱动）

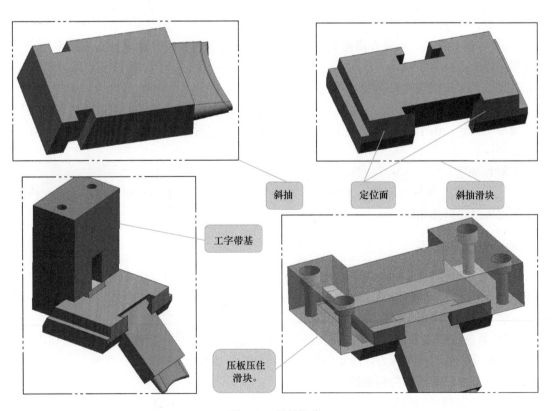

斜抽　　　定位面　　　斜抽滑块

工字带基

压板压住
滑块。

图 4-43　斜抽滑块

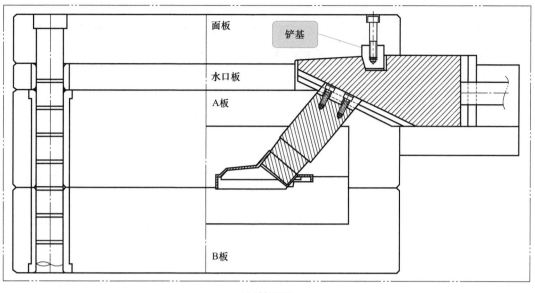

(a) 油缸驱动

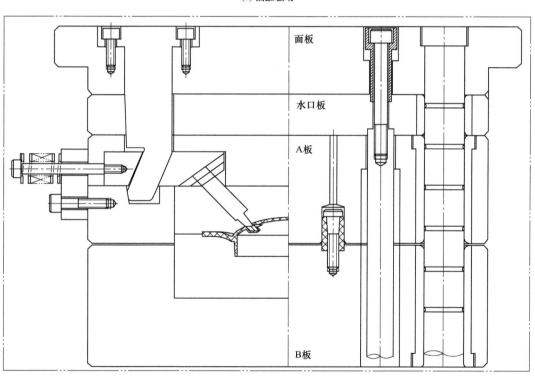

(b) 拨块驱动

图 4-44　细水口前模横向斜抽芯

动作原理：

① 如图 4-44（a）所示结构，没铲基时，在合模状态下，油缸直接抽动斜抽退出；然后 A、B 板开模，完成模具动作。回位时，可在 A、B 板完全合到位后，油缸再推动斜抽回位。

② 如图 4-44（a）所示结构，有铲基时，模具先打开一段，使面板的铲基脱离滑块，

在油缸的抽动下，滑块带动斜抽后退至预设行程后，模具再继续打开直至完成。

合模时，若斜抽先回到位后，模具再合模不会产生干涉时，可在模具开始合模前，让斜抽先回位；若会产生干涉，则必须让 A、B 板先合模后，斜抽再回位；最后面板再压回。模具需增加合模顺序控制机构或氮气弹簧，以控制合模顺序。

③ 如图 4-44（b）所示模具，正常开模的情况下，拨块拉动滑块后退，滑块带动斜抽后退。其开模动作原理跟 4.7.2.2 节大水口前模横向斜抽芯（机械式驱动）一样。

 设计规范

① 如图 4-44（a）所示油缸驱动的设计方式，可参考 4.7.2.1 大水口前模横向斜抽芯（油缸类驱动）。

② 如图 4-44（b）所示拨块驱动的设计方式，可参考 4.7.2.2 大水口前模横向斜抽芯（机械式驱动）。

③ 拨块类驱动方式，当模具完全打开后，拨块可以脱离滑块，故模具不需要多增加一块抽芯板。

4.7.2.4 后模横向斜抽芯

无论是细水口模具还是大水口模具，后模横向斜抽芯做法都一样，如图 4-45 所示。

动作原理：

后模横向斜抽芯动作原理跟前模横向斜抽芯的动作原理基本相同。

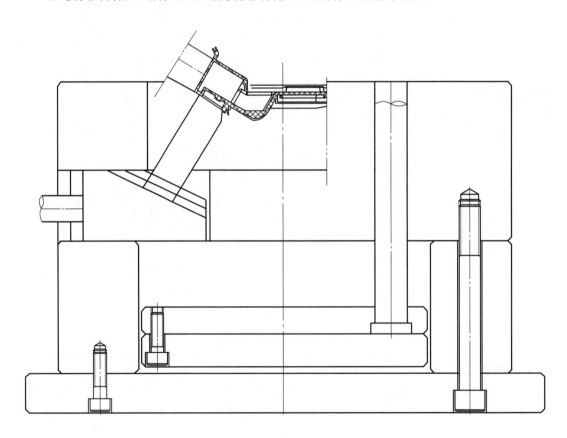

图 4-45 后模横向斜抽芯

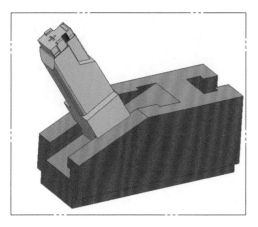

图 4-46　后模斜抽芯

▶ **设计规范**

　　① 若斜抽成型面积较大时，斜抽滑块背部应做压板盖住，如图 4-43 所示。若成型面积较小，或斜抽胶位面大面积碰穿时，可直接做压条固定在模板上，如图 4-46 所示。

　　② 斜抽的各参数设计请参考前模横向斜抽芯的相关内容。

4.7.3　侧向斜抽芯

　　侧向斜抽芯是横向斜抽芯的演变，主要用于因产品自身结构的影响（如斜抽行程过长等），或注塑机容模量的影响（模具厚度超厚），导致横向斜抽芯结构无法满足模具要求时，如图 4-47 所示。

　　产品结构特殊，斜抽芯部分行程有 70mm 左右，模具穴数要求 1×2。若采用横向斜抽芯，铲基会特别长，模具排位会拉得非常开，模具会做得非常大，如图 4-48 所示。若直接采用油缸驱动斜滑块，由于斜度太大，油缸也会顶到注塑机板，而且产品两侧还有滑块，模具布局会非常大。所以，这两种做法都不合适。

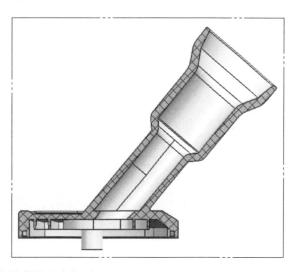

图 4-47　侧向斜抽芯产品图

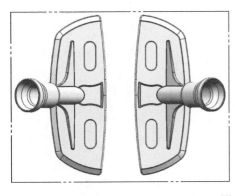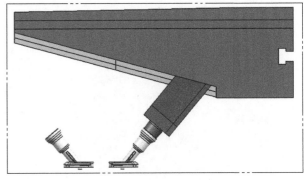

图 4-48　横向斜抽芯

　　采用侧向斜抽芯，虽然对这个产品来说模具也不算小，但相较于其他做法，这种做法更合适。如图 4-49 和图 4-50 所示，铲基做到模具侧面，靠抽缸抽芯。图 4-50 为图 4-49 的侧向视图。

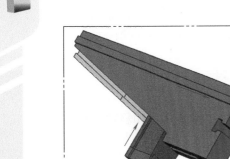

铲基活动方向跟滑块活动方向垂直,铲基改为横向,对模具空间和强度影响降至很低。

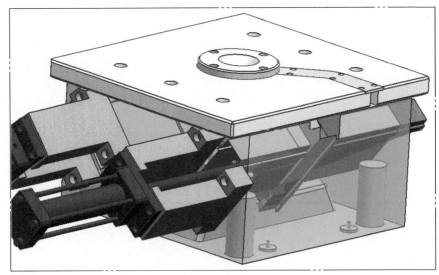

图 4-49　侧向斜抽芯示意图（一）

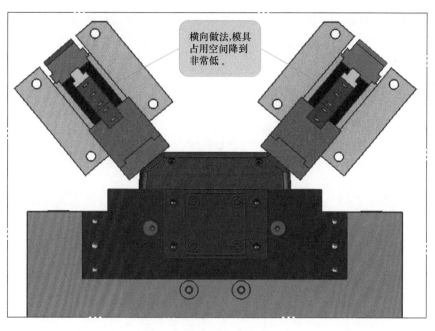

图 4-50　侧向斜抽芯示意图（二）

动作原理：

合模状态下，油缸直接拉动铲基，带动斜抽后退至预设行程后，模具再打开。合模时，可以待模具完全合到位后，斜抽芯再回位。

▰ 设计规范

① 侧向斜抽芯多用于倒扣斜度较大，行程较长时。

② 铲基背面应做斜度，以保证能锁紧滑块，如图 4-51 所示。

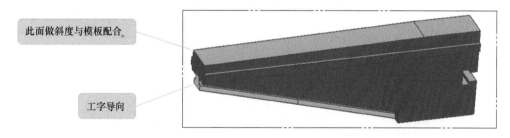

图 4-51　铲基

③ 铲基上的工字导向可做凸形，也可做凹形，从加工难易度和成本来说，优先选择凹形槽，具体根据实际情况而定。

④ 模架上的滑块孔和铲基孔，均采用线切割加工，必须做好工艺槽和取数基准，如图 4-52 所示。

▰ 提醒

本章所讲的斜抽，封胶面都必须做斜度。有些公司为了节省加工成本，会把整个斜抽体做成平行的方体，这样的做法斜抽夹线很难做得漂亮。产品非外观的区域或要求不高的地方可以借鉴此做法，如图 4-53 所示。外观面不建议采取这种做法。

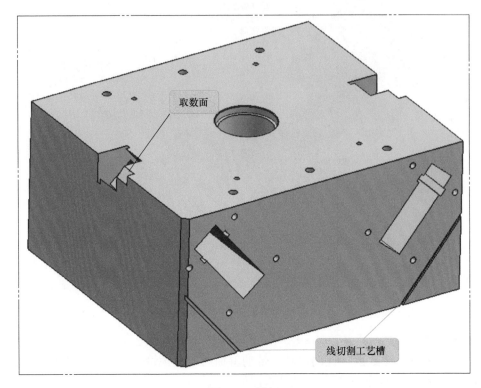

取数面

线切割工艺槽

图 4-52　模架

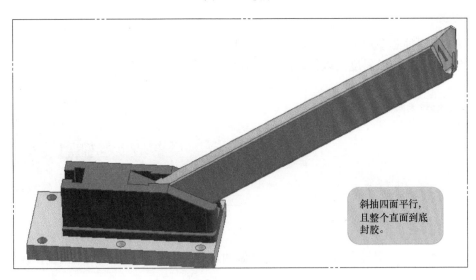

斜抽四面平行，
且整个直面到底
封胶。

图 4-53　斜抽示意图

4.8　滑块上做滑块

　　滑块上做滑块，多见于产品倒扣上有较深的筋位，需要先把深筋部分抽掉后，滑块
再开模，否则产品会粘滑块；或见于产品倒扣上还有倒扣时，需先让部分倒扣脱模后，再

整体脱模，如图 4-54 所示。

4.8.1　滑块上做滑块（同斜导柱）

如图 4-55 所示，产品滑块上有两处深筋，若直接做成整体滑块脱模，深筋处会粘滑块，导致拉伤或断裂。若把深筋部位单独做成一个小滑块，先把小滑块抽掉后，大滑块再脱模，则可避免深筋粘滑块。

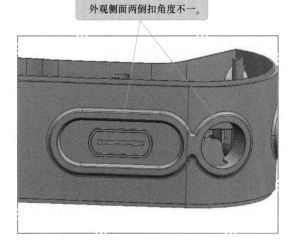
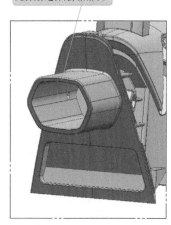

外观侧面两倒扣角度不一。

此深筋过深，会粘滑块。

图 4-54　滑块上做滑块（同斜导柱）产品图（一）

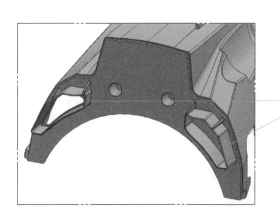

此产品这两处筋位较深，若直接做成整体滑块脱模，产品会粘滑块。此处的思路是把深筋部分用另一个滑块先抽开后，再整体脱模，以防止产品粘滑块。

图 4-55　滑块上做滑块（同斜导柱）产品图（二）

若筋的深度不是特别深（一般来说不超过 30mm）、大滑块的行程也不是特别长时，可考虑两个滑块用同一根斜导柱驱动的方式脱模，如图 4-56 所示。

动作原理：

开模时，由于大滑块的斜导柱孔处有避空，且大滑块跟模板之间有限位，斜导柱先拨动小滑块开模。当小滑块运动到预设距离时，斜导柱拨动两个滑块同时运动，直至开模结束，斜导柱脱离滑块。避空孔如图 4-57 所示。

合模时，斜导柱先拨动小滑块回位，当小滑块回到一定距离后，斜导柱拨块两个滑块同时回位，直到合模结束。

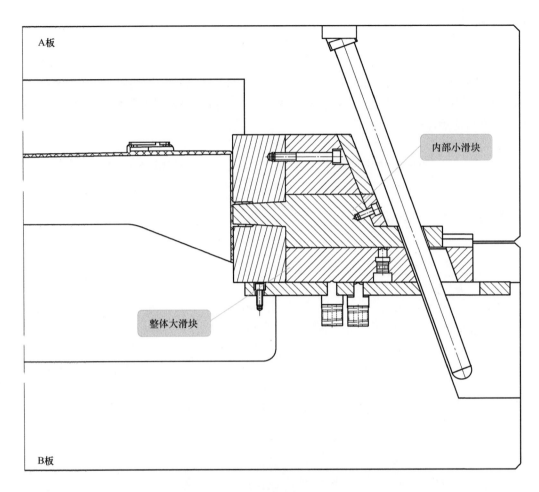

图 4-56　滑块上做滑块（同斜导柱）

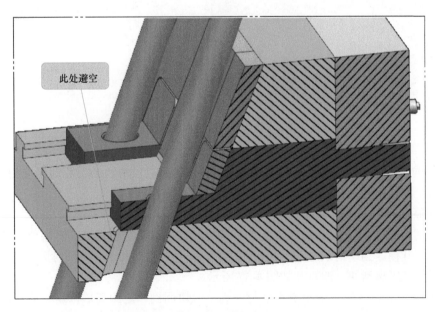

图 4-57　避空孔

设计规范

① 该结构适用于内部小滑块行程不超过 30mm 的情况。若小滑块行程太长，会导致斜导柱过长，影响强度。

② 小滑块脱离深筋之前，大滑块不能运动。因此，大滑块需设计好定位，在斜导柱拨动大滑块前，需保证其不被小滑块带动。一般来说，这种结构，大滑块在合模状态和开模状态均需要定位。

③ 若滑块成型面积不是特别大，小滑块的粘模力相对较小时，大滑块可用限位夹等方式限位。若滑块成型面积、粘模力、滑块尺寸均过大，小滑块在活动时可能带动大滑块；或滑块在地侧，大滑块自身重量会导致开模时跟随小滑块同步下滑时，大滑块跟模板之间可做活动块限位，如图 4-58（a）所示，或者做开闭器限位，如图 4-58（b）所示。

④ 小滑块与大滑块之间需做好限位，以保证斜导柱在合模时能顺利插入滑块。

⑤ 大滑块上斜导柱孔处的避空距离等于小滑块脱离产品包紧力所需的行程。注意：此行程不是小滑块的最终开模行程。

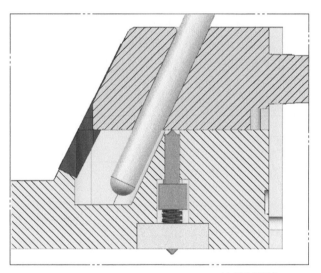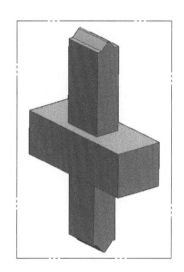

(a) 活动块限位

滑块与模板之间做开闭器。

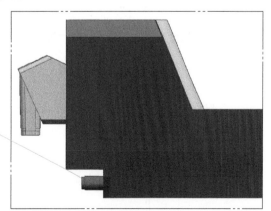

(b) 开闭器限位

图 4-58 滑块限位

4.8.2 滑块上做滑块（斜导柱＋油缸）

当滑块上的深筋超过 30mm 时，因两滑块合并行程过长，包紧力过大；或者深筋不超过 30mm，但大滑块行程过长，如果采用同斜导柱式结构，斜导柱会特别长，容易断裂或变形，因此，这种情况下不能做同斜导柱式结构，如图 4-59 所示。

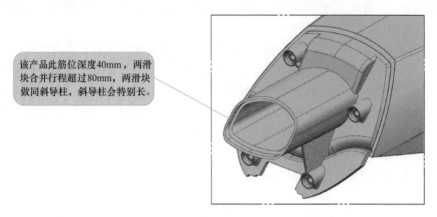

该产品此筋位深度40mm，两滑块合并行程超过80mm，两滑块做同斜导柱，斜导柱会特别长。

图 4-59　滑块上做滑块（斜导柱＋油缸）产品图

此时，因小滑块行程不是特别长，可考虑用斜导柱拨动。大滑块可采用油缸驱动，如图 4-60 所示。

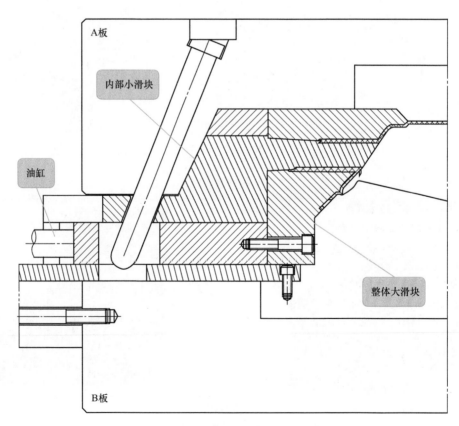

图 4-60　滑块上做滑块（斜导柱＋油缸）

动作原理：

开模时，斜导柱先拨动小滑块至预设位置。当模具完全打开后，油缸再拉动大滑块开模。

合模时，油缸先推动大滑块回位后，模具再合模。

▪▫ 设计规范

① 小滑块的各设计参数按常规滑块设计。小滑块与大滑块之间需做好限位。

② 因大滑块采用油缸驱动，小滑块在脱模时，油缸有油压存在，故不用担心大滑块被带走。

③ 小滑块应有足够的导向距离，如图 4-61 所示，导向槽可直接在大滑块上线割出来。

④ 由于小滑块在大滑块的内部，整个大滑块内部要掏空，需注意大滑块的强度。

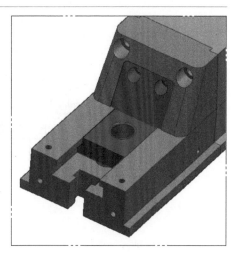

图 4-61　滑块导向槽

4.8.3　滑块上做滑块（单油缸）

当滑块上的深筋特别深、仅内部小滑块的行程都超过 50mm 时，小滑块的斜导柱过长，其避空孔过大，如图 4-62 所示。前面介绍的两种结构均不适合。

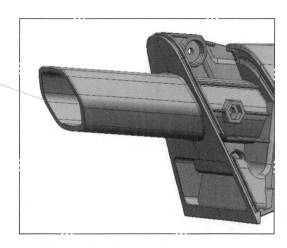

> 该产品此筋深度超过50mm，若采用斜导柱驱动形式的滑块，斜导柱会非常长。

图 4-62　滑块上做滑块（单油缸）产品图

因大滑块和小滑块的行程都特别长，所以考虑大小滑块均采用油缸驱动。若每个滑块使用单独的油缸驱动，因空间受限，两个油缸很难摆放下去。故考虑两滑块使用同一个油缸，如图 4-63 所示。

动作原理：

模具完全打开后，油缸拉动小滑块脱模。当小滑块退到预设行程时，带动大滑块同步脱模。

合模时，油缸推动两个滑块一起回到位。

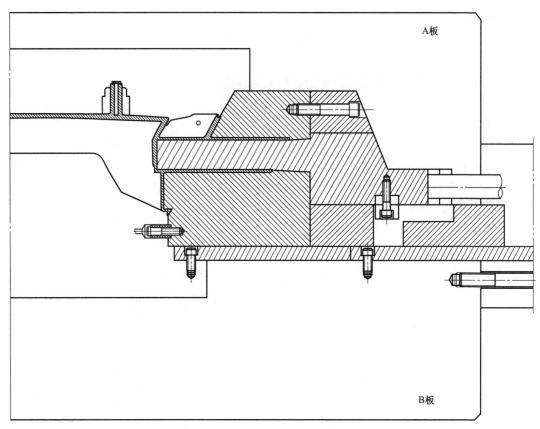

图 4-63　滑块上做滑块（单油缸）

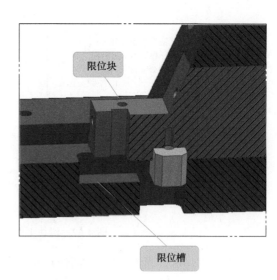

限位块

限位槽

图 4-64　滑块限位（一）

设计规范

　　① 小滑块的各参数按常规滑块设计。小滑块可设计如图 4-64 所示限位块，与大滑块限位槽来限定小滑块的行程。注意：在大滑块上应有足够的避空孔，以方便安装限

位块。

② 在不影响油缸或运水等其他布局时，为方便安装和加工，限位块可做在小滑块后面，如图 4-65（a）所示。

③ 油缸的有效行程应是小滑块行程加上大滑块行程。在不影响滑块长度的情况下，小滑块行进到底时，其尾部面最好不要超出大滑块的尾部面，在如图 4-65（b）所示。

④ 大滑块的限位方式可参考前面两案例所讲的形式。

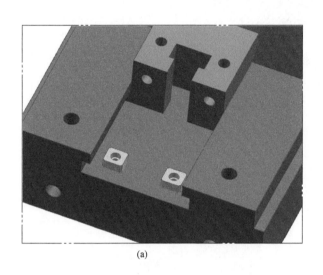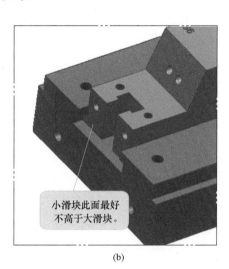

小滑块此面最好
不高于大滑块。

(a)　　　　　　　　　　　　　　　(b)

图 4-65　滑块限位（二）

4.8.4　滑块分型面上做滑块

当某些产品需做哈夫滑块、哈夫滑块在脱模方向还存在倒扣时，模具必须在哈夫滑块脱模前，把其他倒扣脱掉，如图 4-66 所示。产品内侧整圈面都属于外观面，没地方做顶出，所以，产品应竖起来排位。模具左右两侧做哈夫滑块，但由于内侧还有小盲孔倒扣，哈夫滑块脱模前，必须先把小孔处脱开。

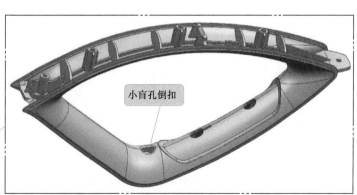

小盲孔倒扣

两侧哈夫滑块脱模前，必
须先把图中小盲孔处的倒
扣脱掉。

图 4-66　滑块分型面上做滑块产品图

小盲孔倒扣处，产品内侧如有足够的空间，可考虑在滑块分型面上做一小滑块，开模时，小滑块先抽开后，小滑块所在大滑块再开模，如图 4-67 所示。

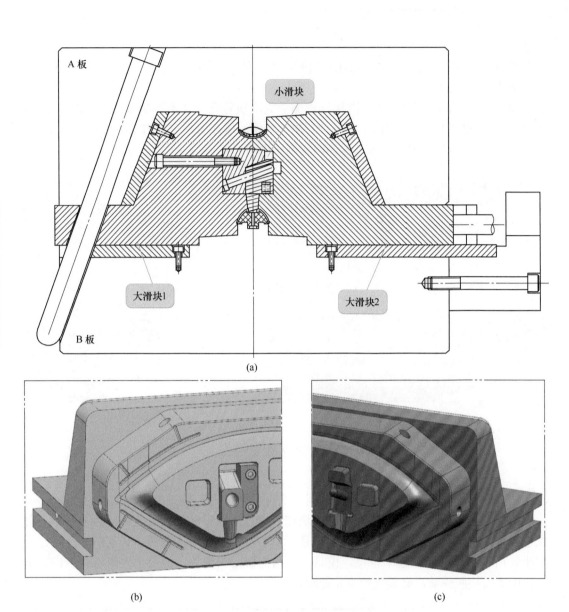

图 4-67　滑块分型面上做滑块

动作原理：

模具打开时，斜导柱拨动大滑块 1 脱模，大滑块脱模的同时，拨动小滑块脱模，当模具完全打开后，小滑块脱开倒扣位置，油缸再拉动大滑块 2 脱模。

合模时，油缸先推动大滑块 2 回位，模具再合模。

设计规范

① 因小滑块必须完全打开后，其所在的大滑块（大滑块 2）才能开模，如图 4-67 所示，否则模具会出现干涉。所以，两个大滑块的开模顺序有先后。小滑块铲基和斜导柱所在的大滑块（大滑块 1）必须先打开后，大滑块 2 才能开模。故大滑块 1 做斜导柱驱动，大滑块 2 做油缸驱动。

② 各滑块的设计参数按常规滑块选择。

4.8.5　滑块上做斜滑块（油缸＋斜导柱）

当滑块脱模方向还存在斜向倒扣时，如图 4-68 所示，必须先把斜向倒扣抽掉之后，滑块才能脱模，否则会拉坏产品。

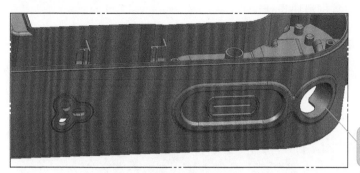

此孔跟其他倒扣(红色框)不同方向。

图 4-68　滑块上做斜滑块（油缸＋斜导柱）产品图

产品侧面上的孔不同方向时，因产品整个侧面为外观，不适合做多个滑块拼接。所以，考虑整个侧面做成一个大滑块，斜孔部分单独做个小滑块。斜孔处滑块先开模后，大滑块再开模。

动作原理：

如图 4-69 所示，开模时，斜导柱拨动小斜滑块开模，模具完全打开后，油缸拉动大滑块开模。

合模前，油缸先推动大滑块回位，模具合模过程中，斜导柱拨动小斜滑块回位。

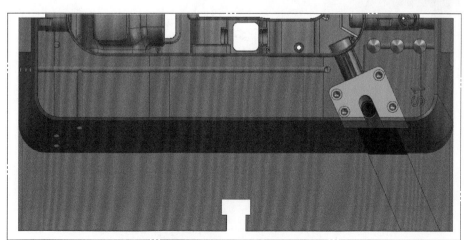

图 4-69　滑块上做斜滑块（油缸＋斜导柱）

① 小滑块必须完全退开后，大滑块才能退开。因此，小滑块做斜导柱驱动，大滑块做油缸驱动。这两种方式的组合运用，模具结构相对简单一些。

② 两滑块的参数请按常规滑块设计。

4.8.6 滑块上做斜滑块（斜导柱）

当滑块上除了有斜滑块，还有其他倒扣需要做斜顶才能脱模时，大滑块就必须做斜导柱驱动才能完成动作，此时，所有滑块均应采用斜导柱驱动，如图 4-70 所示产品。

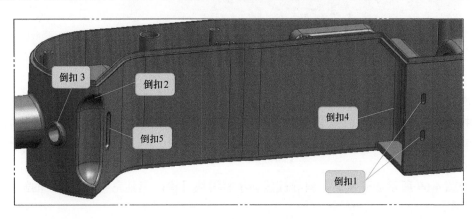

图 4-70　滑块上做斜滑块（斜导柱）产品图

该产品侧面共有 5 处倒扣，倒扣 1 和倒扣 2 在整个侧面大滑块上可以直接脱模，倒扣 3 是另一方向的斜孔，需做斜滑块。

倒扣 4 和倒扣 5 的脱模方向和大滑块的开模方向垂直，而且倒扣 4 的行程相对较大。这两种若做内缩式滑块，整个大滑块中间会挖得比较空，影响强度。因此，这两处地方考虑做斜顶，如图 4-71 所示。

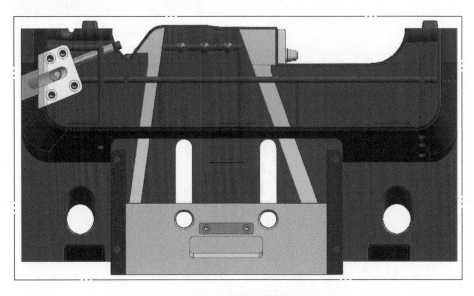

图 4-71　滑块上做斜顶

滑块上做斜顶必须要斜导柱驱动才能完成动作（详细见滑块上斜顶章节），因此，所有滑块均需做斜导柱驱动。因斜滑块必须开模完成后，大滑块再开模，所以，大滑块上斜导柱孔应做延时。

动作原理：

开模时，斜导柱先拨动斜滑块开模，当斜滑块开模完成后，大滑块再开模。大滑块开模的同时，斜顶跟随顶出。

合模时，大滑块必须在斜滑块斜导柱插入斜滑块前先回到位，否则模具会干涉。

设计规范

① 各滑块的参数按常规滑块设计。

② 为保证动作能顺利完成，大滑块上的斜导柱孔必须避空，避空距离大于斜滑块脱模行程。

③ 因大滑块必须在斜滑块回位前先完全回位，所以，必须做加速铲基，使滑块在指定合模位置时先回到位，如图 4-72 所示。

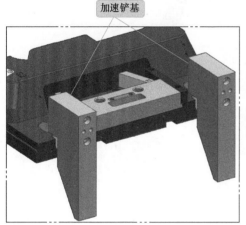
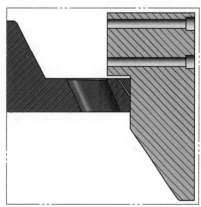

图 4-72　加速铲基

④ 滑块和加速铲基的参数关系如图 4-73 所示，其设计步骤如图 4-74 所示。

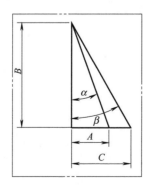

图 4-73　滑块和加速铲基的参数关系

A—大滑块延迟距离；B—斜滑块完全打开所需距离；C—加速铲有效工作距离；
α—大滑块斜导柱角度；β—加速铲工作面角度

1. 先确定斜导柱刚好脱离斜滑块时的开模距离(图4-73中B的值)，该距离也是合模时大滑块必须完全回到位时的合模高度位置。

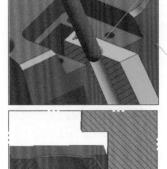

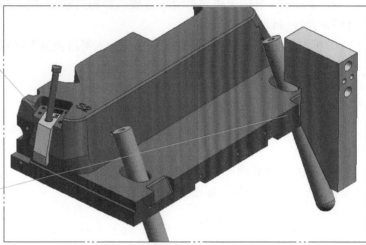

2. 在该合模高度时，加速铲基应完全拨回滑块，它的直身面应与滑块的尾部面贴齐，此时大滑块应完全回到位。

3. 为保证合模过程中加速铲基能顺利地将滑块铲回位，在加速铲基刚介入工作时，铲基头部长度应保证超过滑块上相对应的工作面。

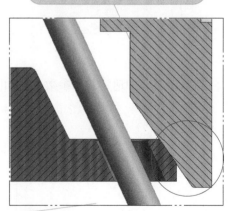

4. 请注意斜导柱和加速铲基在滑块上的相对位置，当斜导柱拨动滑块到一定位置后，加速铲基介入工作，直至滑块完全回到位。

图 4-74　滑块和加速铲基设计步骤

滑块开合模过程如图 4-75 所示。

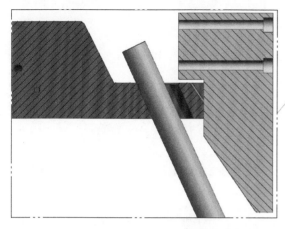

1. 合模状态下各零件位置。

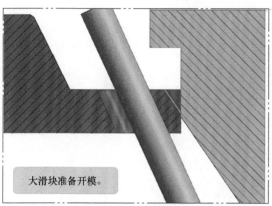

大滑块准备开模。

2. 开模到斜滑块完全退出时，大滑块斜导柱准备拨动大滑块时的状态。

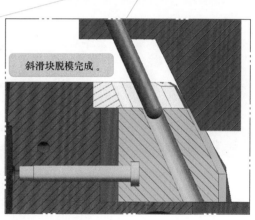

斜滑块脱模完成。

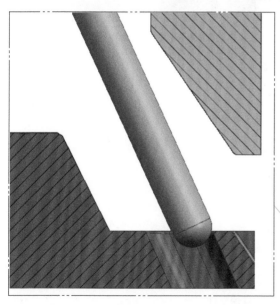

3. 大滑块完全退出时的状态，模具继续开模，直至开模完成。

图 4-75

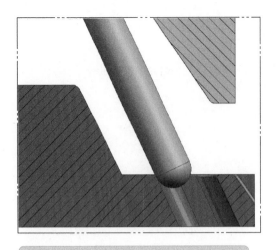

4.合模时，斜导柱准备拨动大滑块回位时的状态。

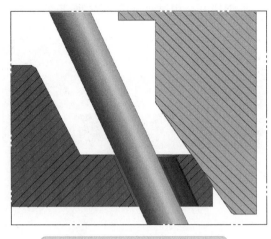

5.合模到加速铲基准备介入工作时的状态。

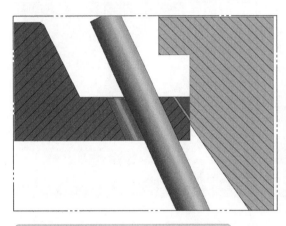

6.加速铲工作结束，大滑块完全回到位时的状态。

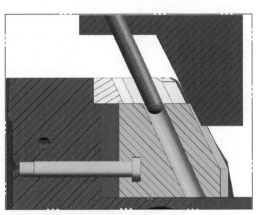

7.斜滑块导柱准备插入斜滑块，完成最后合模。

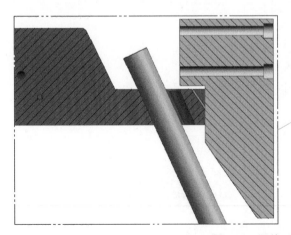

8.继续合模直至完成。

图 4-75　滑块开合模过程

总结

　　从模具结构角度出发，油缸加斜导柱式设计方式比全做斜导柱的方式自由度要高。

因有油缸的介入，增加了模具动作，工作中应视情况合理选择驱动方式。

4.8.7 滑块上做斜抽（一）

一般来说，滑块上做斜滑块，两滑块底面的夹角较小，当滑块上斜滑块底面与滑块的底面夹角较大时，则斜滑块应做成斜抽，如图4-76所示产品。

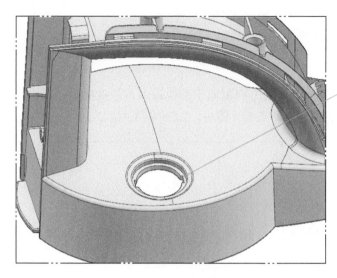
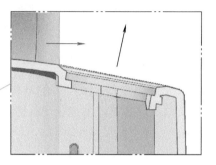

红色箭头为滑块开模方向，黑色箭头为斜抽脱模方向。两者夹角较大。

图4-76 滑块上做斜抽（一）产品图

该产品需两个大滑块脱模，在滑块上还有一处斜孔，斜孔的脱模方向与滑块开模方向夹角较大。滑块在开模前，需先把斜孔处脱掉。此处设计方式如图4-77所示。

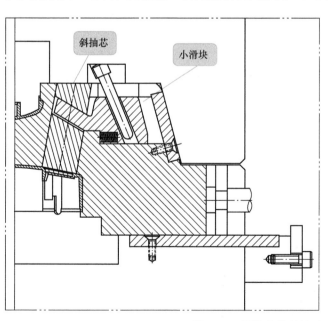

斜抽芯　　小滑块

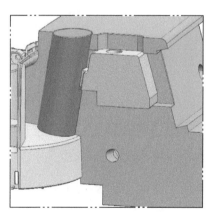

图4-77 滑块上做斜抽（一）

动作原理：

开模时，斜导柱先拨动小滑块带动斜抽芯脱模，斜抽完全脱开后，大滑块再脱模。

合模时，大滑块先回到位后，斜导柱再拨动小滑块带动斜抽回位。

▶ 设计规范

① 各滑块的参数按常规滑块设计。

② 为保证动作能顺利完成，小滑块做斜导柱驱动，大滑块做油缸驱动。该结构是借用了滑块上做滑块的做法，详细可参考滑块上做滑块的结构类型。

③ 斜抽的各设计规范请参考本书斜抽章节。

4.8.8　滑块上做斜抽（二）

滑块上做斜抽（一）的结构，斜抽的脱模方向偏向于滑块顶部，若斜抽的脱模方向偏向滑块底部时，则把驱动斜抽的小滑块反过来设计即可，如图 4-78 所示。

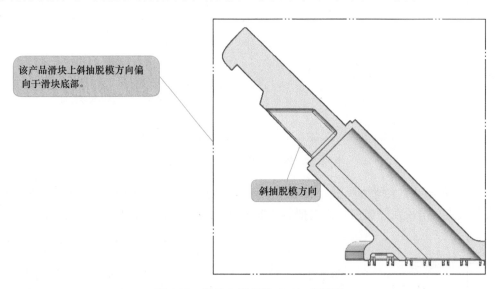

该产品滑块上斜抽脱模方向偏向于滑块底部。

斜抽脱模方向

图 4-78　滑块上做斜抽（二）产品图

该产品的斜抽脱模方向偏向于滑块底部，如图 4-79 所示。

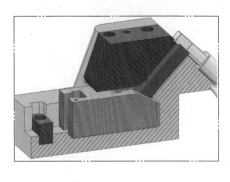
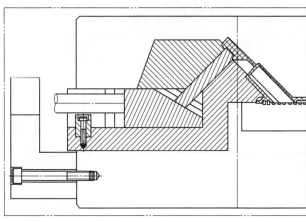

图 4-79　滑块上做斜抽（二）

因斜抽的斜度比较大，小滑块的位置偏向于大滑块底部。若小滑块采用斜导柱驱动，斜导柱会比较长，受力弱，易变形。类似这种情况，可采用单个油缸带两个滑块的形式，该做法类似于 4.8.3 节滑块上做滑块（单油缸）的结构。

一般来说，小滑块靠近大滑块顶部时，小滑块多采用斜导柱驱动；靠近大滑块底部时，多采用油缸驱动。设计时，根据模具实际情况酌情选择。

动作原理：

开模时，油缸拉动小滑块带动斜抽芯脱模，当斜抽完全脱开后，小滑块带着大滑块再一起脱模。

合模时，若跟其他结构没有先后顺序之分时，两滑块无论谁先回到位均可。

▪ 设计规范

① 各滑块的参数按常规滑块设计。

② 小滑块与大滑块之间需做好限位，其限位距离必须足够斜抽完全脱离倒扣。斜抽及滑块的各参数计算方式请参考滑块上做斜抽（一）。

③ 该结构是由滑块上做滑块单油缸式结构演变而来，其设计规范请参考滑块上做滑块相关章节。

④ 大滑块的限位可参考滑块上做滑块相关章节所讲内容。

4.8.9 滑块上做弹块

当产品滑块上侧向倒扣较小时，因倒扣的成型面积、包紧力、行程等均比较小，为简化模具结构，可直接把小倒扣做成弹块，在滑块开模前，把倒扣先弹开，如图 4-80 所示。

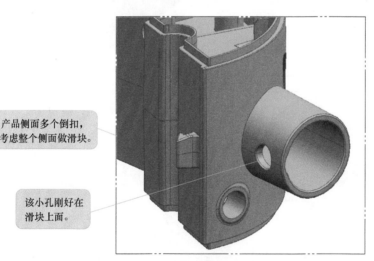

产品侧面多个倒扣，考虑整个侧面做滑块。

该小孔刚好在滑块上面。

图 4-80　滑块上做弹块产品图

该产品整个侧面有多个倒扣，且圆柱上的侧面小孔与滑块脱模方向垂直。由于该孔比较小，且与滑块芯子碰穿，深度仅仅等于圆柱的壁厚。类似于这种地方，无论是注塑对芯子的压力，还是包紧力等都比较小，可考虑直接做弹针，靠弹簧的力直接弹开。

动作原理：

如图 4-81 所示，开模时，侧锁滑块先退开，让出脱模空间。同时，弹针在弹簧的作用力下退出倒扣。开模完成后，油缸再拉动大滑块开模。

合模前，油缸先推动大滑块回位，合模过程中侧锁滑块回位，同时压迫弹针回位，完成合模动作。

设计规范

① 各滑块的参数按常规滑块设计。

② 固定座跟滑块之间需做好定位，以保证弹针能顺利动作，可做如图 4-81 所示凸台定位。

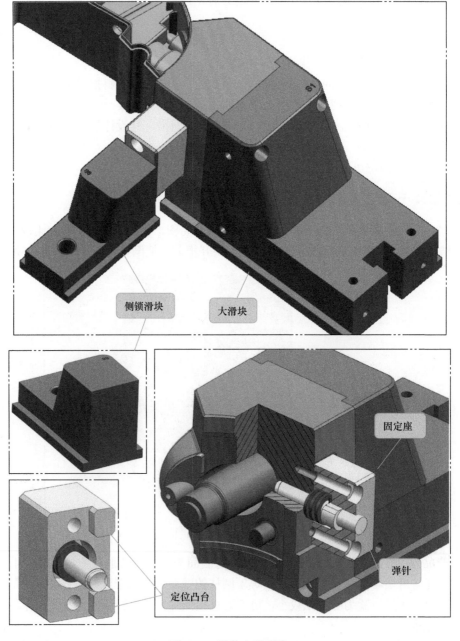

图 4-81　滑块上做弹块

③ 因该机构是靠弹簧作用力完成，需保证弹簧失效时模具零件之间不会相互干涉。该案例中，若弹簧失效，最多拉坏产品，只需更换一个新弹簧即可，不会造成撞模。

④ 弹针的回位是靠侧锁滑块压回去，尽量不要做成靠前模压回去，会使针侧受力过大，影响结构效果。

⑤ 若弹针前端异形，需保证弹针不能转动，弹针必须做定位，可按如图 4-81 所示方式，针的挂台部分做 D 字形定位。

4.8.10 滑块上做斜弹块

滑块上的斜倒扣，除了斜抽之外，对于一些深度较浅、成型面积较小、包紧力不大的倒扣，可用斜弹块的方式成型，这种做法使模具结构更简单，加工更容易。该做法由滑块上弹块演变而来。

如图 4-82 所示产品，由于产品两侧均有倒扣，产品尺寸 35×31×60。由于产品较小，整个侧面均是外观面，故考虑两侧做哈夫滑块，斜孔刚好在滑块上。

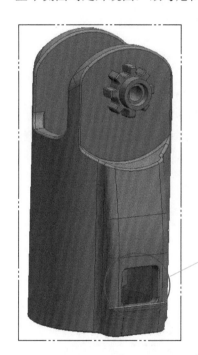
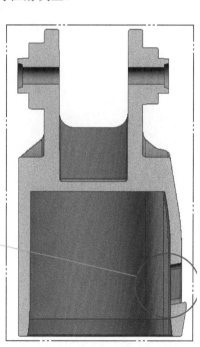

产品整个侧面需做滑块，而滑块上还有一斜孔需要处理。

图 4-82　滑块上做斜弹块产品图

动作原理（图 4-83）：

开模时，由于滑块有延时，斜弹块先弹出后，滑块再开模。

合模时，滑块在回位的过程中，铲基面直接压回斜弹块。

▌ 设计规范

① 由于斜弹块必须先弹开后大滑块再开模，所以，斜导柱孔必须做延时。

② 回位时，斜弹块直接靠铲基面压回。所以，铲基面口部必须做如图 4-83 所示的斜面，以顺利压回斜弹块。否则铲基面会直接压上斜弹块，导致撞模。斜面设计方式如图 4-83 所示。

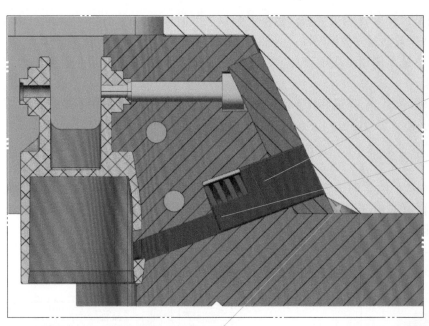

弹块这个面和耐磨板之间的空间，为弹块行程。

此面作定位用。

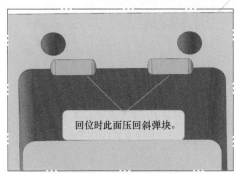

回位时此面压回斜弹块。

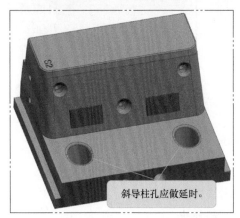

斜导柱孔应做延时。

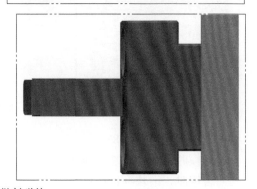

图 4-83　滑块上做斜弹块

③ 注意图 4-84 所示耐磨板 A 处，该面的角度应大于斜弹的斜度。如图 4-85 所示斜度关系，β 的值必须大于 α，否则耐磨板安装不上去。如图 4-84 所示耐磨板 B 处的面，若按图中设计，安装没问题，若此面要做成斜面，其斜度值应小于斜弹的斜度 α。

④ 由于合模时，铲基斜面挤压斜弹块使其回位，会让其承受纵向的压力，所以，耐磨板 C 处的过孔面可适当避空，耐磨板 D 处的过孔面不应避空。

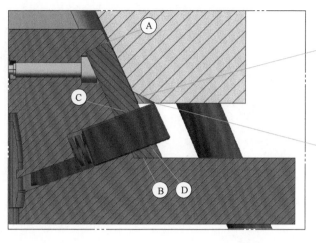

合模到这个位置的时候,若铲基面上没有这个斜面,则铲基面会直接撞上斜弹块。

斜面的这个点,应大于斜弹块的这个角点。根据实际情况,斜面的斜度越小越好。

图 4-84　铲基面结构
A～D——耐磨板

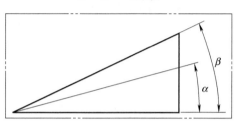

图 4-85　斜度关系
α—斜弹的斜度；β—耐磨板 A 处的斜度

⑤ 斜弹块的导向应做在滑块上，不能在耐磨板上导向；耐磨板上斜弹块的过孔，除耐磨板 D 处的面之外，其他面应避空。

4.9　滑块上顶出

如果滑块的成型面较复杂，有深筋或柱子，注塑成型后，对滑块会有较大的包紧力，若滑块直接脱模，产品可能会拉白或撕裂。因此，滑块在脱模的同时需要有零件顶住产品，防止其被拉坏。

4.9.1　滑块上单顶针顶出

当滑块上局部胶位较深、易粘滑块的区域较小，只需一两支顶针即可解决该问题时，可采用滑块上单顶针顶出结构。相对其他滑块顶出结构来讲，该结构简单，占用空间小。

如图 4-86 所示产品，产品整圈属外观面，上面有两个较小、较深的柱子，柱子周围还有一整圈筋位，这部分非常容易粘滑块。

产品中间位置较空，没有筋位支撑，滑块脱模时，柱子部分粘住滑块，被滑块拉动的过程中，产品容易发白或断裂。

此处解决办法有两种，要么，柱子做司筒；要么，在柱子旁边下顶针。由于滑块上做司筒从模具结构上来说，会比做单支顶针要复杂，因此，这里选择滑块上做顶针更合适，如图 4-87 所示。

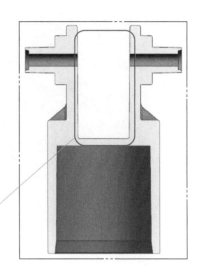

此两处柱子较深，旁边还有一圈筋位。

产品中间空掉，无任何支撑。

图 4-86 滑块上单顶针顶出产品图

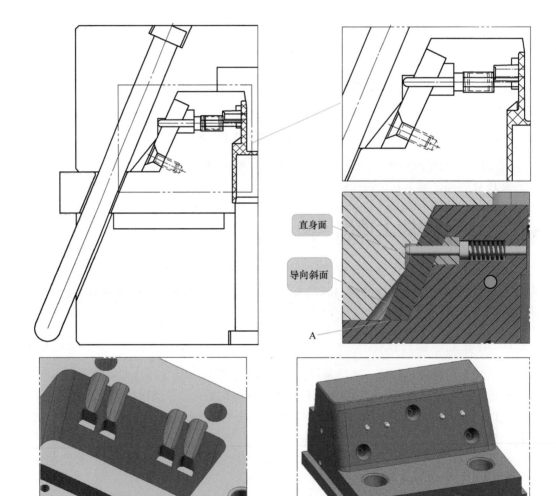

直身面

导向斜面

A

图 4-87 滑块上单顶针顶出

动作原理：

开模时，顶针后面的直身面（图 4-87 中所指直身面）挡住顶针，斜导柱拨动滑块后退时，顶针顶住产品，使其不被滑块带动。当开模到一定距离时，顶针脱离直身面后，在弹簧的作用力下自动回位。

合模时，滑块在回位的过程中，在导向斜面（图 4-87 中所指导向斜面）的作用下，顶针回到直身面处。

设计规范

① 该做法是在顶针前面套上弹簧，开模时滑块后退。由于顶针后面有直身面挡住，故顶针会一直挡住产品，不随滑块移动，弹簧在滑块后退时被迫压缩。

② 为保证合模时铲基面不压住顶针，使顶针能顺利回到直身面处，铲基面上应设计如图 4-87 所示导向斜面。设计方式及参数要求参考滑块上斜弹块所讲方法。

③ 设计滑块耐磨块时，应注意如图 4-87 所示 A 处面的角度，该面应与顶针顶出方向平行，否则模具安装时会产生干涉。详细参考滑块上斜弹块所讲内容。

④ 顶针一般分整体式和分体式两种，如图 4-88 所示。整体式顶针需要定做，生产过程中损坏更换比较麻烦，但整体式顶针占用空间较小。分体式顶针用两支常规顶针头部相对，切出长度即可，生产过程中比较容易更换，但占用空间较整体式要大。

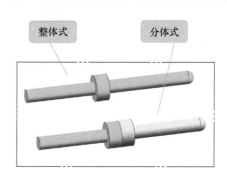

图 4-88 顶针类型

⑤ 因合模时顶针会受力，所以，耐磨板上顶针过孔不能避空。

⑥ 顶针后面直身面各参数设计方法如图 4-89 所示。实际设计过程中，若顶针位置靠铲基面口部太近，导致直身面长度不够时，可局部做小镶件，以增加直身面长度，如图 4-91 所示。

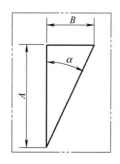

图 4-89 直身面各参数关系
A—直身面的长度；B—顶针顶出距离；α—斜导柱角度

设计步骤：

① 根据实际情况，先确定产品所需顶出距离 B 的值，B 不宜小于 5mm。注意要加上余量。

② 在 B 尺寸线的两个端点各画一条直线。

③ 以与斜导柱相同的角度旋转其中一条直线，使两直线相交。

④ 修剪掉多余的线条，便得到 A 尺寸线的值。3D 设计时，保证直身面 A 的值误差不超过 1mm 即可，不需要非常精确。

4.9.2　滑块上多顶针（司筒）顶出

当滑块上顶出面积比较大，需要多支顶针顶出时；或滑块上有多根柱子需要司筒（也叫推管、套筒）顶出时，滑块上需增加顶针板。如图 4-90 所示产品，滑块上有多根柱子，需要做司筒顶出。

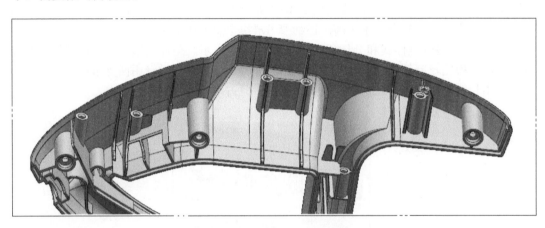

图 4-90　滑块上司筒顶出产品图

动作原理：

如图 4-91 所示，该结构动作原理跟单顶针顶出类似，开模时，顶块后面小镶件的直身面挡住顶块，斜导柱拨动滑块后退，司筒顶住产品，使其不被滑块带动。当开模到一定距离时，顶块脱离直身面后，在弹簧的作用力下，顶针板自动回位。

合模时，小镶件上的斜面挤压顶块，使其顺利回位。

▌ 设计规范

① 该做法用于顶针较多或有司筒时，在滑块内部做上顶针板，顶针板必须做中托司导向。

② 顶针板靠顶块顶出，靠弹簧回位。

③ 当顶块后面直身面足够时，可直接在铲基面上铣出来，如图 4-87 所示。当直身面不够时，才做如图 4-91 所示的镶件。

④ 顶块顶出行程的设计方式和参数计算跟单顶针顶出相同，详细请参考单顶针顶出。

⑤ 因合模时顶块要受力，与顶块底面配合的耐磨板上的面不能避空，如图 4-91 所示。

以上两种顶出方式，由于背后直身面有限，行程越大，顶针板所需空间越大，因此只适合小行程顶出，一般顶出行程不超过 20mm。

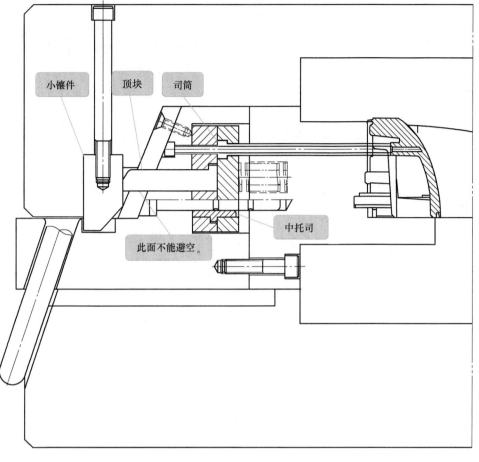

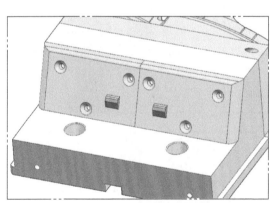

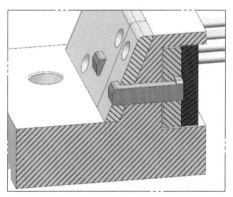

图 4-91 滑块上多顶针（司筒）顶出

4.9.3 滑块上长行程顶出

有些产品，滑块上筋位特别深，顶出所需行程较长，如图 4-92 所示产品，腔深 75mm 左右，整个深腔侧壁还有深筋。

该类型结构，滑块上顶出距离较长，如图 4-93 所示。滑块上大行程顶出结构由滑块上做滑块结构演变而来。

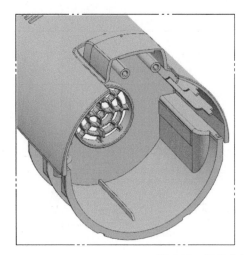

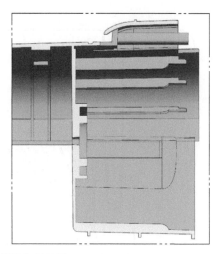

图 4-92　滑块上长行程顶出产品图

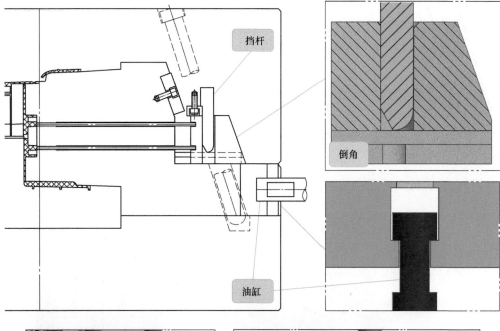

挡杆

倒角

油缸

图 4-93　滑块上长行程顶出

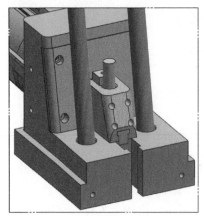

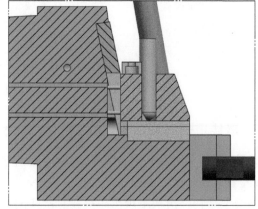

动作原理：

开模时，大滑块在斜导柱的拨动下后退，挡杆挡住小滑块，使其保持相对静止。待大滑块行至预设位置时，顶针顶出完成，挡杆脱离小滑块。油缸带着两个滑块一起开模，直至开模完成。

合模时，油缸先推动两滑块回位，待大滑块回到指定位置时，模具开始合模，挡杆和斜导柱插入两滑块。小滑块不动，大滑块继续合模直至完成。

▌ 设计规范

① 该做法用于滑块上顶出行程较长时，滑块应放在地侧，若滑块在天侧，则大滑块需加弹簧辅助。

② 斜导柱拨动大滑块后退的行程等于顶针顶出的行程。

③ 挡杆插入小滑块的深度应略大于（不大于 5mm）或等于斜导柱插入大滑块的深度值。即挡杆离开小滑块时，斜导柱已离开大滑块。

④ 小滑块较小时可使用挡杆，若小滑块体积较大，应使用挡块，可参考滑块上做斜顶的章节。

⑤ 油缸杆前面与滑块面的空出距离，等于斜导柱拨动滑块的行程，即图 4-94 箭头处尺寸。

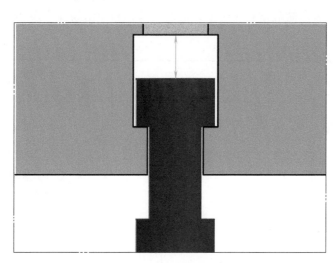

图 4-94　油缸杆避空示意图

⑥ 挡杆与小滑块上的挡杆孔，原则上单边避空不应超过 0.05mm。

⑦ 挡杆的前端应倒大斜角，以方便挡杆能顺利插入滑块。设计挡杆长度时，有效长度不包括斜角部分。

4.10 三段（次）滑块

滑块上做滑块，一般是两个滑块，每个滑块运动一次即可完成模具动作。当滑块上的滑块还需要带动其他滑块脱模时，这种类型结构便称为三段（次）滑块，如图 4-95 所示产品。

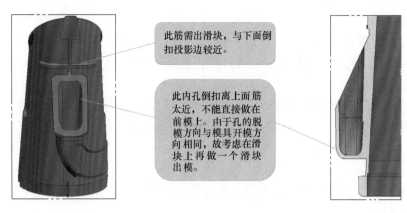

图 4-95　三锻（次）滑块产品图

产品侧面的筋是倒扣，筋的正下方有一个孔跟开模方向同向。由于该孔在开模方向的投影边与筋非常近，若直接把该孔做在前模，会导致模具上非常单薄，难以实现。因此，考虑在该内孔处做滑块。该滑块脱离内孔后，停在产品顶出的正上方仍然会挡住产品，必须让其离开，以方便顶出。

动作原理：

如图 4-96 所示，开模后，油缸拉动滑块 2 后退，滑块 2 带动滑块 1 脱模。当滑块 1 完全脱离产品倒扣后，油缸带着 3 个滑块同时后退，直至滑块完全脱离产品。

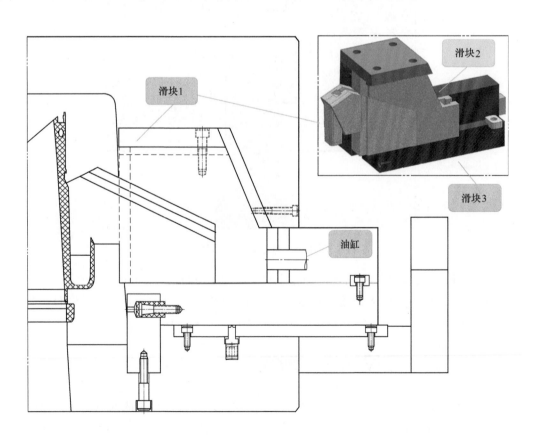

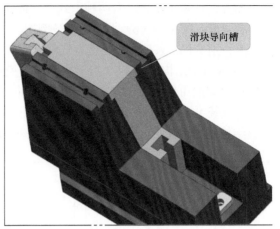

滑块导向槽

滑块导向槽

图 4-96 三段（次）滑块

设计规范

① 合模时应注意滑块是否有先后顺序，在滑块 3 没回位前，滑块 1 完全回到位时，模具是否会产生干涉。若会产生干涉，则应更改滑块驱动方式，可考虑油缸与斜导柱组合使用。

② 滑块 1 和滑块 2 在滑动方向应有足够的导向，以保证在运动过程中平稳。

③ 滑块 1 完全退出产品之前，应保证滑块 3 不被带动，否则会拉坏产品，所以滑块 3 必须做好定位。定位方式可参考前文滑块上滑块的做法。

④ 各滑块的参数按常规滑块取值。

4.11 滑块上做斜顶

滑块上做斜顶是滑块上倒扣处理最常见的结构，如图 4-97 所示产品。

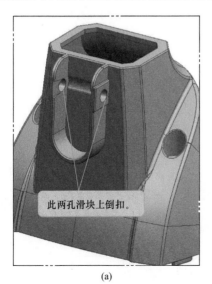
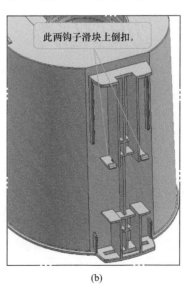

此两钩子滑块上倒扣。

此两孔滑块上倒扣。

(a)

(b)

图 4-97 滑块上做斜顶产品图

最常见的滑块上做斜顶有两种形式，如图 4-97 所示，图 4-97（a）上孔是倒扣，在滑块上左右脱模；图 4-97（b）上的钩子是倒扣，在滑块上上下脱模。这两种形式方向不一、结构上无特别变化，只是座子连接方式略有不同。

图 4-98 所示结构是图 4-97（a）中产品的模具设计图，由于斜顶的位置靠近滑块的顶部，斜顶座需做得较高。由于斜顶是左右方向脱模，若斜顶工字槽直接在座子上线割出来，模具安装不上，因此，斜顶座工字处使用盖板锁上，便于安装。

该结构是根据滑块上长行程顶出演变而来，两者可参考使用。

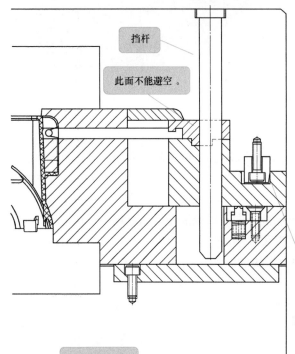

挡杆

此面不能避空。

此面应铲住。

斜顶座

大滑块

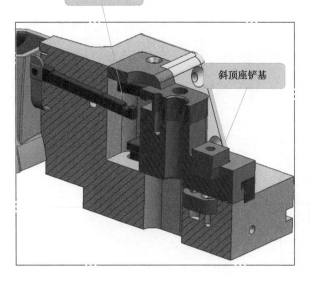

斜顶工字槽

斜顶座铲基

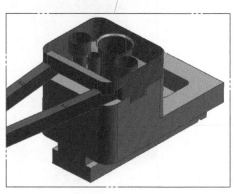

座子上镶盖板，斜顶工字槽做在盖板上，便于安装。

图 4-98　滑块上做斜顶（一）

图 4-99 所示结构是图 4-97（b）中产品的模具设计图，该产品斜顶是上下运动，工字槽在斜顶座上直接线割出来，也不影响装模。

斜顶座后面空间足够时，可使用弹簧辅助开模，如图 4-99 所示。

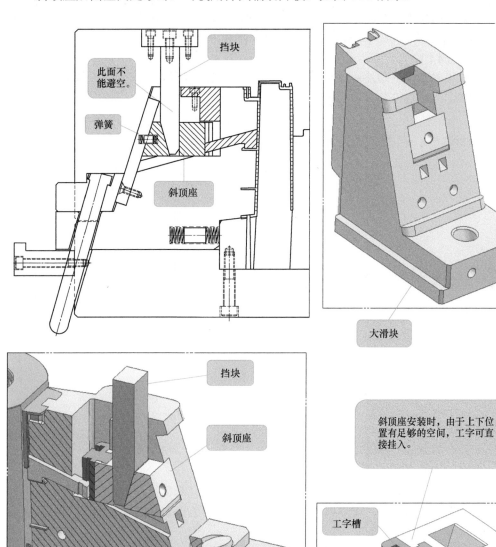

图 4-99　滑块上做斜顶（二）

动作原理：

开模时，斜导柱拨动大滑块后退，挡杆（挡块）挡住斜顶座，使斜顶脱离倒扣。当斜顶完全脱离倒扣后，挡杆（挡块）脱离斜顶座，大滑块带动斜顶一起脱离产品。

合模时，斜导柱拨动大滑块回位，当回到指定位置时，挡杆（挡块）插入斜顶座，大滑块继续合模直至完成。

■ 设计规范

① 注意斜顶和斜顶座之间的安装方式。若两者能直接挂上，斜顶工字槽就直接在斜顶座上线割出来。不能直接挂上时，才把斜顶座镶起来。拼镶时注意，工字槽的一侧留在镶板上，另一侧不能有工字。

② 合模状态下，斜顶座必须要有铲基铲住，以保证斜顶完全回到位。若采用挡块的形式（图 4-99），挡块可兼作铲基使用。

③ 斜顶座铲基的工作面，理论上不避空，实际加工时，间隙不应超过 0.05mm。

④ 设计步骤和各零件的参数关系如图 4-100 所示。

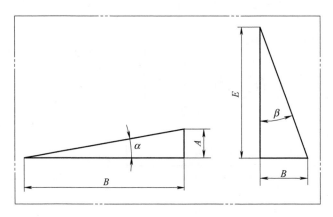

图 4-100　各零件的参数关系

A—斜顶行程；B—斜顶座行程；α—斜顶角度；β—斜导柱角度；E—挡杆有效工作高度

设计步骤：

① 根据产品倒扣，先确定斜顶行程 A 的值，然后确定斜顶角度 α 的值。

② 根据 A 和 α 的值，算出斜顶座行程 B 的值。

③ 确定滑块斜导柱角度 β 的值，根据 B 和 β 的值，计算出挡杆有效工作高度 E 的值。

④ 各零件倒好角之后，保证挡杆插入斜顶座的有效工作高度值与 E 相等即可。

⑤ 斜顶座与大滑块之间必须做好定位。

⑥ 挡杆（挡块）前端应做大斜角，以保证能顺利插入斜顶座中。

⑦ 由于斜顶顶出距离的大小直接影响到滑块的行程，所以，斜顶角度过大或过小都不合适。一般来说，斜顶座的行程能控制到 30mm 以内，斜顶的斜度在 6°～ 12°，是比较理想的状态。

斜顶侧向抽芯系列结构

斜顶侧向抽芯机构多用于处理产品内部的倒扣，本章主要讲解与斜顶相关的各种复杂的结构。

5.1 前模斜顶

前模斜顶主要用于处理产品前模侧的倒扣，前模斜顶在设计上跟后模斜顶没区别，主要区别在于顶出驱动力的不同，前模斜顶顶出时需和开模同步。

前模斜顶在开模的同时必须同步顶出，否则会拉坏产品，某些前模斜顶还可能跟后模的机构产生干涉，需特别注意。

合模时，有些前模斜顶无论是否先回位，对模具动作均无影响；有些前模斜顶则不能先复位；而有些前模斜顶必须先复位，否则模具上会产生干涉，设计时必须多加注意。

若有开合模顺序要求时，可以配合开合模顺序控制机构使用，以达到我们需要的目的。

根据顶出驱动类型的不同，前模斜顶主要分为开闭器式顶出、弹簧式顶出和机械式顶出。因机械式顶出机构间隙不易控制，所以前模斜顶较少采用这种形式。若不得已使用时，应注意控制好间隙。

5.1.1 开闭器顶出式

开闭器顶出式是利用开闭器拉动顶针板同步顶出，结构简单可靠，如图 5-1 所示。该做法也是模具中常用的方式。

动作原理：

开模时，B 板带动前模顶针板顶出，顶出完成后，开闭器与 B 板脱离。

合模时，B 板直接压着开闭器，使前模顶针板回位，前模顶针板完全回到位后，开闭器压入 B 板中，直至 B 板压住前模回针顶面，合模结束。

设计规范

① 该结构适合于 A、B 板没合模前，前模顶针板可先行回位，模具无干涉时使用。

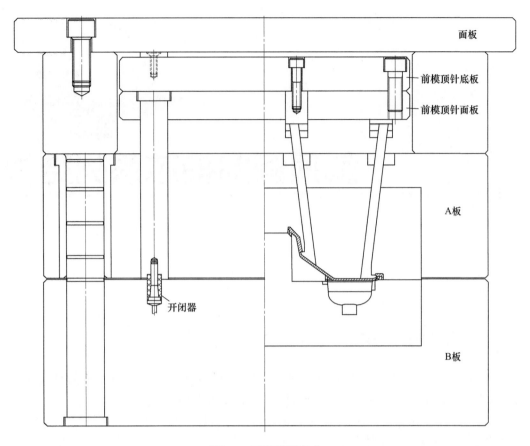

图 5-1　开闭器顶出式

② 开模状态下，前模斜顶在开模方向的投影若与后模顶出机构重叠，则后模顶针板在合模前必须先回位，否则模具会干涉。前后模顶出机构位置如图 5-2 所示。

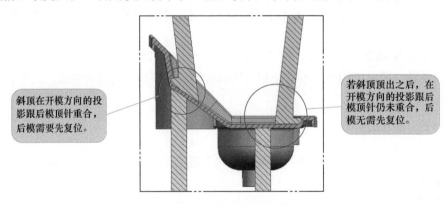

图 5-2　前后模顶出机构位置

③ 开闭器和回针设计的注意事项，请参考本书 3.1.3 节开闭器顶出的相关内容。

④ 若回针上安装开闭器会与模具上其他零部件产生干涉，可在不干涉位置增加回针。增加的回针仅作安装开闭器用，在模板上可适当避空少许；或者把回针移到不干涉的位置。

⑤ 不影响斜顶的情况下，前模顶针板的顶出行程应尽量小，以减小模具厚度。前模整块顶针板的模具非常容易超厚。

5.1.2 弹簧顶出式

若前模斜顶在 A、B 板合模前先回到位后，会使模具产生干涉，则前模顶针板必须由 B 板压着回针同步回位，这种情况下，开闭器式的做法不能满足模具要求。因为在合模时，B 板会先顶住开闭器，使前模顶针板先被压回后，A、B 板才会合模。

这种情况下，应使用弹簧顶出式，顶针板由 B 板压着回针同步回位。如图 5-3 所示，前模斜顶凸出部分位于后模隧道滑块下方，若 A、B 板合模前前模斜顶就先回位，斜顶会与后模隧道滑块干涉。

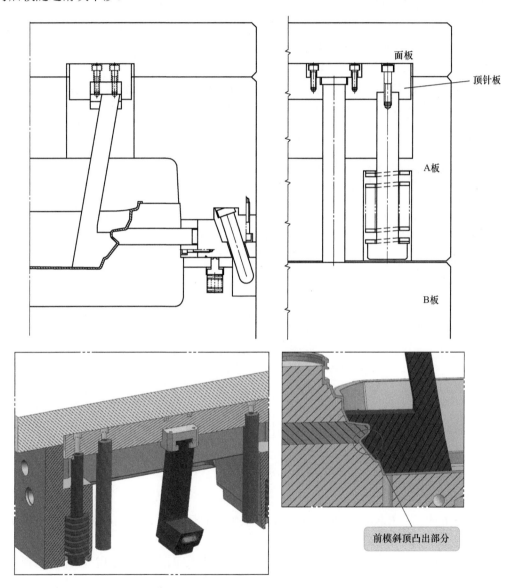

图 5-3　弹簧顶出式

动作原理：

开模时，A、B 板处一打开，弹簧就拉着前模顶针板同步顶出，在达到顶出行程之前，前模回针会一直贴着 B 板面。

合模时，B 板压着回针同步回位，前模顶针板回到位的同时，A、B 板也回到位。

设计规范

① 该结构适合于 A、B 板合模前，前模顶针板先行回位后，模具会产生干涉时使用。

② 当产品前模局部需要做斜顶时，应采用局部小顶针板式结构，如图 5-3 所示。在这种情况下方可采用弹簧式顶出，且弹簧应尽量选大一点的规格。

③ 前模同时有多个斜顶时，顶针板面积比较大，不建议使用弹簧顶出式结构，因弹簧容易失效，风险系数较大，应改用氮气弹簧顶出。若因空间有限不能安装氮气弹簧，可采用开闭器式顶出加合模顺序控制机构，改变合模顺序，以达到动作要求。

④ 氮气弹簧顶出的方法请参考 3.1.4 节弹簧顶出的相关内容。

⑤ 模具必须加行程开关，以防止动作失效时模具产生干涉。

⑥ 前模顶针板有单块顶针板和两块顶针板两种做法。一般顶针板面积较小时，即模具局部做小顶针板时，应做如图 5-3 所示单块顶针板，以减小模具厚度。当斜顶或顶针数量较多、顶针板面积较大时，应做如图 5-1 所示两块顶针板。

5.2 摆杆机构

当产品上有小行程倒扣，因产品空间狭小，不便于做斜顶时，可考虑摆杆机构。如图 5-4 所示产品，产品后模侧有一小行程倒扣，倒扣前面是碰穿孔，宽度 5mm。若此处做斜顶，会非常单薄，易断，故考虑做摆杆机构，如图 5-6 所示。

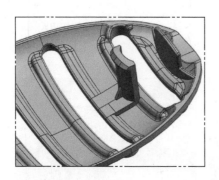
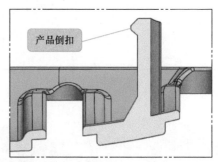

图 5-4　摆杆机构产品图

动作原理：

如图 5-6 所示，开模后，顶针板顶出，当顶出到预设高度时，后模仁上斜面迫使摆杆摆动，脱离倒扣。

顶针板回位时，在摆杆背后斜面的作用下，摆杆先回正，然后跟着顶针板回到合模状态。

设计规范

① 做摆杆结构，产品倒扣不宜过大，一般在 3mm 以内，如图 5-4 所示产品的倒扣位置。

② 产品上倒扣面角度不同，摆杆的设计方法会有差异，如图 5-5 所示的两种形式的倒扣均可做摆杆。

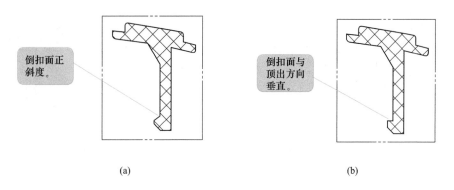

倒扣面正斜度。

倒扣面与顶出方向垂直。

(a)　　　　　　　　　　　　　　　(b)

图 5-5　倒扣

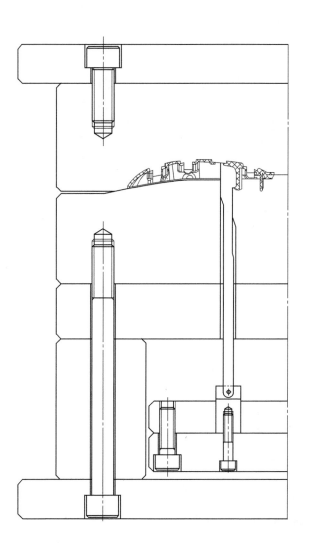

图 5-6　摆杆机构

149

③ 摆杆的拆分有如图 5-7 所示的两种方式，一般采用图（a）所示的拆分方式，除非万不得已，尽量不要采用图（b）所示的拆分方式。

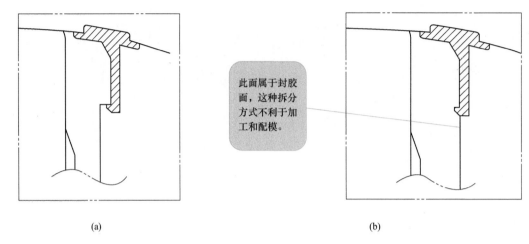

（a）　　　　　　　　　　　　　　　　（b）

图 5-7　摆杆的拆分方式

④ 模具设计时，应注意摆杆中心线的位置，如图 5-8 所示。图 5-5（b）所示的倒扣形式，摆杆的中心线应位于倒扣脱模方向，即倒扣最大边的前方，否则摆杆在摆动过程中会与产品钩子产生干涉，影响脱模。图 5-5（a）所示的倒扣形式，则可适当超过倒扣最大边，位于其后方，设计时，应模拟一下动作。

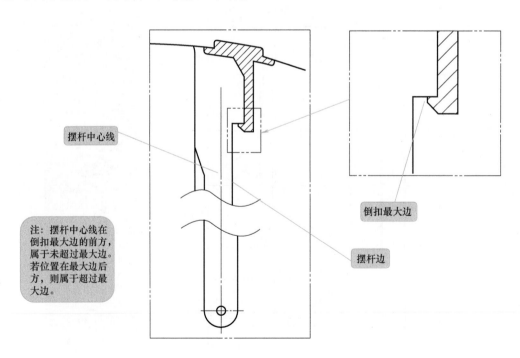

图 5-8　摆杆中心线的位置

⑤ 摆杆各位置设计参数关系及规范请参考图 5-9 所示内容。

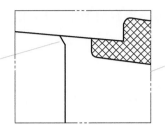

此处应做一段斜角，
防止口部磨损。

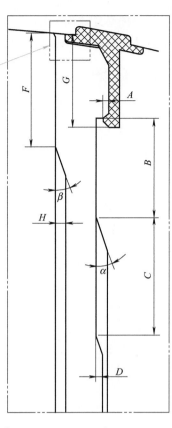

各尺寸在设计规范上稍加一点余量即可，不可偏差
太多，因为，做摆杆是因为空间受限不便于做斜顶，
若各参数相差太大，造成摆杆强度变弱，则降低了
模具质量。
摆杆参数设计规范：
A —— 产品倒扣尺寸
B ≥ 12
C > F+3
D ≥ A+2
α ≤ 35°
F > G(胶位长度)
H > D
β = α

图 5-9　摆杆各位置设计参数关系

5.3 延时斜顶和加速斜顶

常规产品倒扣做斜顶时，倒扣脱模方向垂直于模具开模方向，如图 5-10（a）所示，
但有些产品倒扣出模方向不与模具开模方向垂直，如图 5-10（b）、（c）所示。

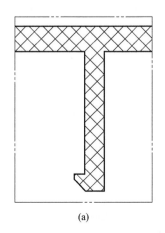
(a)

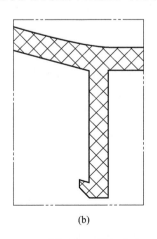
(b)

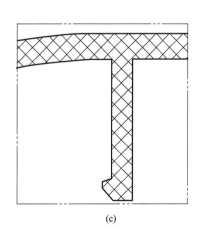
(c)

图 5-10　倒扣方向

图 5-10 中，图 5-10（a）是常规斜顶就能脱的倒扣形式；图 5-10（b）由于钩子向上

倾斜，斜顶必须随钩子方向同向运动，否则钩子会勾住斜顶，影响斜顶脱模；图 5-10（c）由于产品顶面向下倾斜，斜顶必须跟随向下斜的角度运动，否则会与产品干涉，俗称铲胶。

5.3.1 延时斜顶

如图 5-10（c）所示扣位，产品顶面向下倾斜，这时候斜顶需跟随顶面的斜度方向运动。类似这种向下斜运动的斜顶，称之为延时斜顶，如图 5-11 所示。

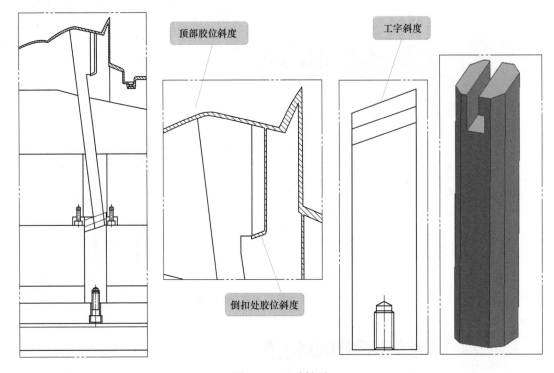

图 5-11 延时斜顶

动作原理：
顶出时，由于斜顶座工字面有斜度，斜顶会跟随工字面的斜度运动，直至顶出结束。

设计规范

① 倒扣的斜度不能小于斜顶顶部的斜度，否则应让客户修改产品。

② 斜顶座工字的斜度等于产品倒扣处的胶位斜度。

③ 斜顶座工字的斜度一般不大于 20°。若产品上倒扣斜度超过 20°，为保证模具稳定性和安全性，应考虑如斜抽之类的机构脱模。

④ 设计时应注意斜顶座工字斜度的方向，实际工作中，很多人容易做反。

5.3.2 加速斜顶

如图 5-10（b）所示扣位，产品倒扣向上倾斜，而斜顶运动方向也应跟产品上斜度同向，类似这种向上倾斜运动的斜顶，称之为加速斜顶，如图 5-12 所示。

动作原理：
加速斜顶跟延时斜顶动作原理差不多，只是方向相反，一个向下，一个向上。

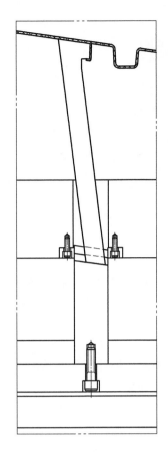
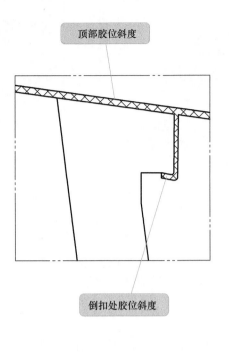

顶部胶位斜度

倒扣处胶位斜度

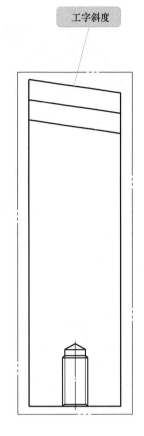

工字斜度

图 5-12　加速斜顶

设计规范

① 倒扣的斜度不能大于斜顶顶部的斜度，否则应让客户修改产品。

② 斜顶座工字的斜度等于产品倒扣的斜度。

③ 斜顶座工字的斜度一般不大于 15°，否则应考虑其他结构或者让客户修改产品。斜顶座工字斜度越大，斜顶斜度应做得越小。

④ 设计时应注意斜顶座工字斜度的方向，实际工作中，很多人容易做反。

5.4 斜顶上顶出

当斜顶上成型面积较大，且形状复杂，深筋或深孔较多时，若斜顶直接脱模，产品会粘住斜顶，跟随斜顶移动，导致产品难以从斜顶上取出。

5.4.1　斜顶上做单顶针

斜顶上小面积深筋或深腔易粘斜顶，只需要在局部布置一到两支顶针即可解决问题时，则可采用单顶针式结构。

如图 5-13 所示产品，产品后模倒扣应做斜顶，由于有螺钉柱和深筋存在，此处非常容易粘斜顶。由于此处深筋成型面积较小，做两支顶针基本上可以解决这一问题。

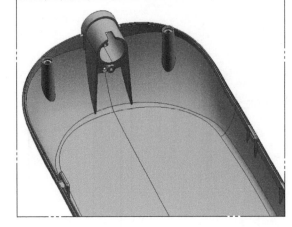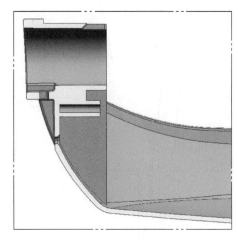

图 5-13　斜顶上做单顶斜产品图

该做法的原理跟滑块上单顶针有些类似，都是直接在顶针上套上弹簧，在后面做上一段直身面。顶出时，靠直身面挡住顶针，使斜顶后退时，产品不跟随斜顶移动，如图 5-14 所示。

动作原理：

顶出时，由于斜顶后面有一段直身面顶住顶针，斜顶在后退时，顶针顶住产品，当到达所需顶出行程时，顶针脱离直身面，在弹簧作用力下，顶针回位。

合模时，模仁上的顶针导向槽挤压顶针，使顶针顺利回位。

设计规范

① 顶针高出斜顶背面的高度即顶出距离，如图 5-14 中的尺寸 A。

② 斜顶后端的顶部必须做一凸台，在斜顶斜度方向高出顶针最高点，此凸台作为封胶面使用，防止顶针磨损封胶位，如图 5-14 所示。

③ 此类结构只适合小行程顶出，顶出行程一般不会太长，基本上都不超过 10mm。

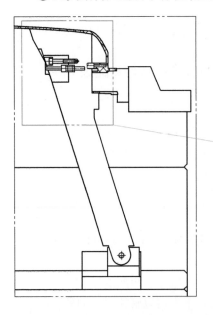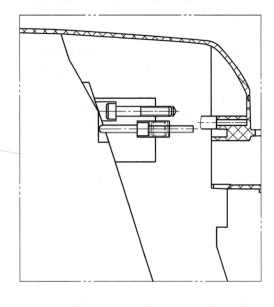

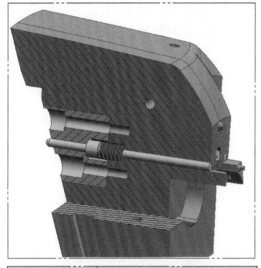
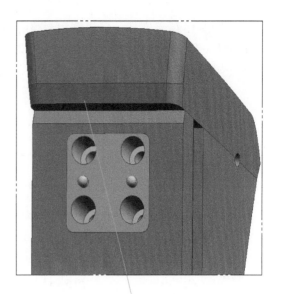
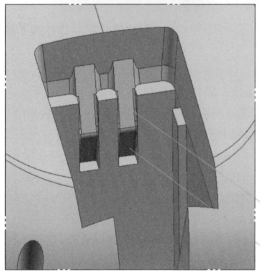

斜顶后端顶部应做一凸出台阶,台阶需高出顶针最高点。

顶针导向槽

直身面

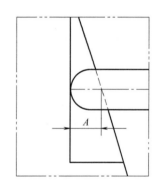

图 5-14 斜顶上做单顶针

④ 根据斜顶大小不同,顶针可做成分体式和整体式两种,其做法可参考 4.9.1 节滑块上单顶针顶出的相关内容。

⑤ 若顶针前端面是弧面或斜面,顶针需要做定位,则必须做成整体式顶针,且在后段做上定位,如图 5-15 所示。

图 5-15 顶针定位

5.4.2 斜顶上做多顶针(司筒)

当斜顶上顶针布置比较多,或者有司筒时,则必须要安装顶针板,该做法占用空间较大。

如图 5-16 所示产品，后模倒扣，整圈筋比较深，两圆形筋中间还有许多筋相连。这种情况下，斜顶会被包得非常紧，产品很难取出。故考虑在整圈筋上增加顶针，顶针数量较多，如图 5-17 所示。

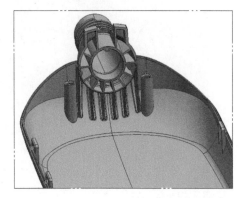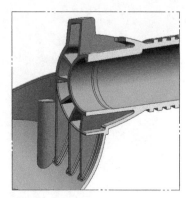

图 5-16　斜顶上做多顶针产品图

该做法跟斜顶上做单顶针的区别在于，多了一组顶针板。两种做法的动作原理基本差不多。

动作原理：

顶出时，由于斜顶后面有一段直身面顶住顶块，斜顶在后退时，顶块顶住顶针板，使顶针挡住产品，当到达所需顶出行程时，顶块脱离直身面，在弹簧作用力下，顶针板回位。

合模时，模仁上的导向槽挤压顶块，使斜顶顺利回位。

■ 设计规范

①顶块高出斜顶背面的高度即顶出距离，类似斜顶上单顶针结构。

②顶针板必须做导向，若顶针板面积较小，可如图 5-17 中形式，直接用直导柱与顶针板导向。顶针板尺寸足够时，应加上中托司。中托司可做非标件，直接订购回来。

③若斜顶上做单支司筒，顶针板可改为小顶块，直接靠顶块四边导向，无需导柱。司筒内针在背板上可用无头螺钉或小薄板压住，如图 5-18 所示。

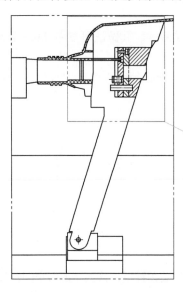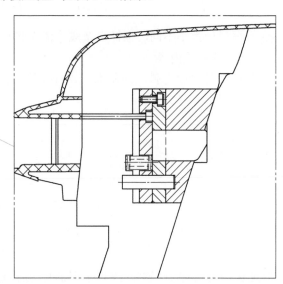

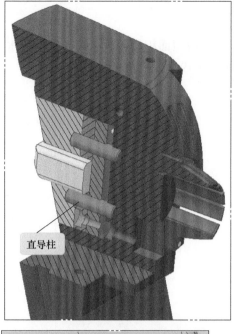

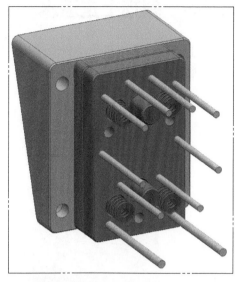

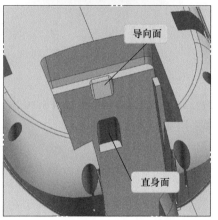

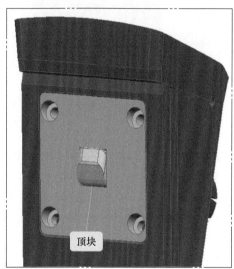

图 5-17 斜顶上做多顶针（司筒）

④ 斜顶部分的其他设计，请参考斜顶上做单顶针的相关内容。

若此部分较厚,可用这四边导向;若不够,可用后面位置导向。 这两个部分四面均可导向。

图 5-18 顶块导向位置

5.5 斜顶上走运水

斜顶上走运水不能算作单独的结构。当斜顶上成型面积较大时，则必须做运水，以保证冷却能跟上。常见的斜顶上运水进出水有如图5-19所示的两种形式。

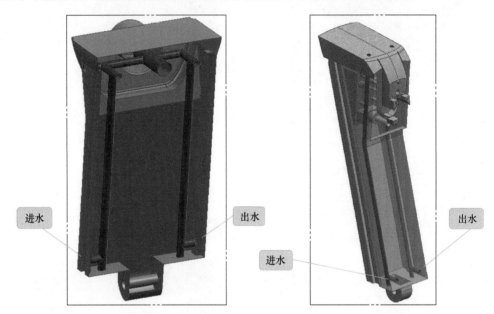

图5-19　斜顶上走运水进出水形式

斜顶上做运水，分为左右进出水（图5-19左边斜顶）和前后进出水（图5-19右边斜顶）。实际设计过程中，需根据模具上的空间来选择采用哪种方式。

无论哪种方式，应选择离模具边较近，且无其他零配件阻挡的一侧。运水可接硬铜管和软塑料水管。接软管时，需在顶针板上固定好水管，防止因摩擦和挤压造成软管破裂漏水。

若斜顶顶出到底时，进出水管会与模架干涉，应在模架上开避空槽。模具上应做集水块，使斜顶上的运水与集水块连接，方便生产时连接冷却水，如图5-20所示。

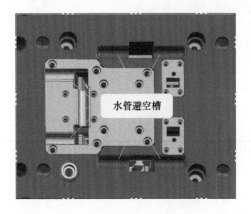
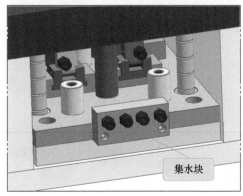

图5-20　运水避空和集水块

第6章

抬芯系列结构

注塑完成后，前后模打开，产品被滑块带离后模，然后滑块后退或由顶针顶出，使产品脱离滑块。这一系列动作构成的结构称为抬芯结构。

抬芯的做法很多，根据滑块驱动方式的不同，可分为油缸驱动和斜导柱驱动；根据产品脱模方式不同，可分为滑块后退式和顶出式；根据推出驱动力不同，又分为顶棍顶出式、油缸顶出式和强制拉开式。

无论上述哪种方法，基本设计思路不变，带动产品的滑块必须跟抬芯块同步。滑块在抬芯块上滑动，或顶针在抬芯块上顶出。

凡前后模均是外观面、不允许有顶出痕迹的产品，均可考虑使用该结构。

与如图 6-1 所示产品类似的管件产品，多数情况下整圈都属于外观面，不允许有顶出痕迹，这类产品都可考虑使用该结构。

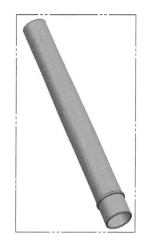

图 6-1　管件产品图

抬芯的常见结构有两种，一种是局部抬芯，一种是整板抬芯，如图 6-2 所示。

当产品细长，需要很长的行程才能使产品完全脱离滑块时，产品与滑块抽松即可，这时可考虑做局部抬芯。当短距离即可使产品与滑块完全脱离，无其他结构影响取产品时，可考虑做整板抬芯。

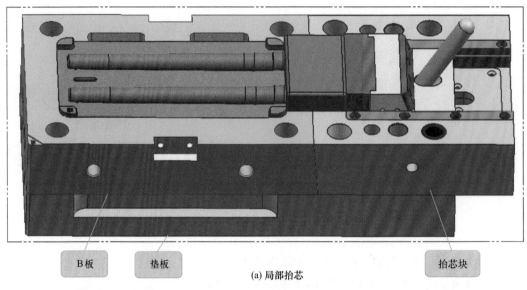

B板　　垫板　　　　　　　　　　　　抬芯块

(a) 局部抬芯

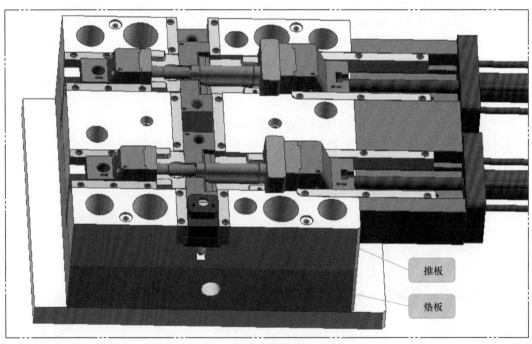

推板

垫板

(b) 整板抬芯

图 6-2　抬芯常见结构

6.1 斜导柱驱动式抬芯

斜导柱驱动式抬芯是指抬芯块在开模的过程中，斜导柱拨动滑块后退，使产品脱离滑块，如图 6-3 所示。该结构用于滑块行程不是特别长，仅抽松产品即可的情况。

动作原理：

抬芯块在开模时带动滑块和产品一起运动，当产品完全脱离后模时，斜导柱拨动滑块后退。后退一段距离后，抬芯块挡住产品，使其脱离滑块，再由机械手或人工取出产品，完成开模动作。

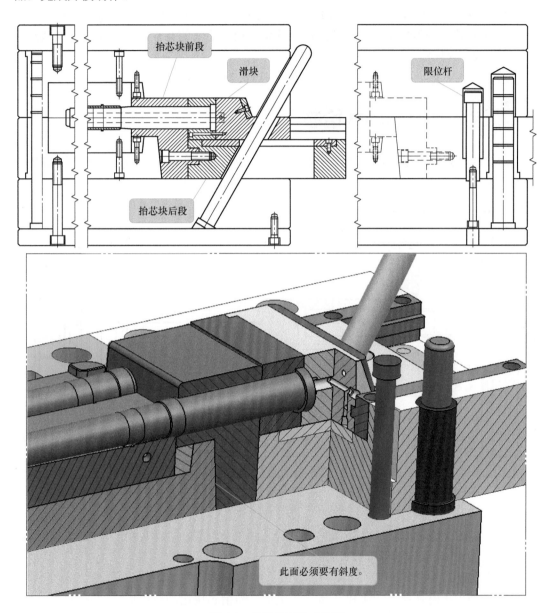

图 6-3 斜导柱驱动式抬芯

抬芯块合模时，斜导柱拨动滑块同步回位，直至模具完全合模。

设计规范

① 产品必须完全脱离后模后，滑块才能开始后退，以防止产品被刮坏。因此，斜导柱必须做延时。延时距离以产品实际脱离后模的高度为准。

② 滑块开模完成后，必须保证斜导柱仍有一部分还留在滑块里面，不可使其脱离，以减少模具潜在风险。

③ 抬芯块跟 B 板和后模仁所接触的面必须做斜度，如图 6-3 所示。

④ 抬芯块前后段之间必须做好定位，可用虎口或精定位。

⑤ 若滑块芯子较长，抬芯块前段必须要有足够的配合面护住芯子，防止偏心。

⑥ 抬芯块必须做好限位，限位距离应保证滑块有足够的行程，以产品能顺利从滑块上脱离、取下为原则。

⑦ 若空间有限，不便做限位杆时，可在抬芯块的导柱顶部锁上介子限位。

6.2 油缸驱动式抬芯

油缸驱动式抬芯是指抬芯块在开模完成后，使用油缸驱动滑块后退，使产品脱离滑块，如图 6-4 所示。

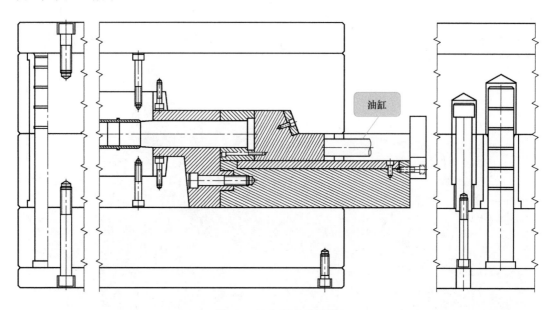

图 6-4 油缸驱动式抬芯

油缸驱动式抬芯与斜导柱驱动式抬芯的区别在于，油缸驱动式抬芯是使用油缸驱动滑块开模，用于滑块开模行程较长时。

动作原理：

抬芯块在开模时带动滑块和产品一起运动，当抬芯块运动结束后，油缸拉动滑块后退，使产品脱离滑块。

合模时，可使滑块先回位后，抬芯块再回位；也可使抬芯块回位后，滑块再回位，具体视模具实际情况而定。需保证模具无干涉，尽量减少多个面之间的摩擦。

设计规范

① 抬芯的行程，以保证产品完全脱离后模且不影响取出为原则。该结构抬芯块的限位行程比斜导柱驱动式短。

② 其他设计规范可完全参考斜导柱式的要求，需要注意滑块的回位顺序。结合模具实际情况，确定滑块是在抬芯块回位前，还是在抬芯块回位后回位。

6.3 抬芯块常见的几种驱动方式

抬芯块的驱动方式是指把抬芯块从后模推出所使用的驱动力的方式，常见的有顶棍顶出、油缸顶出、强制拉开等方式。

6.3.1 顶棍顶出式

顶棍顶出式是指用顶棍驱动抬芯块，使其从后模内被顶出的方式，如图 6-5 所示。

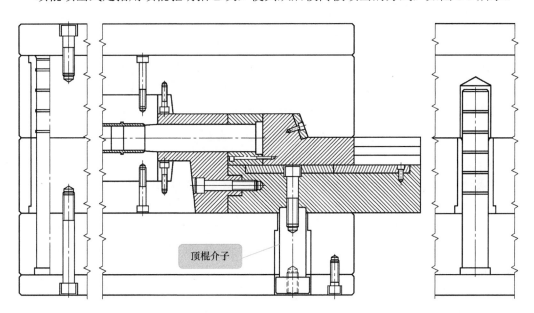

顶棍介子

图 6-5　顶棍顶出式抬芯

图 6-5 中，顶棍介子与抬芯块连接在一起，顶棍直接顶在顶棍介子上，使其脱离后模。顶棍介子上的台阶作限位使用。

动作原理：

开模时，顶棍推动抬芯块脱离后模；合模时，顶棍先拉回抬芯块，然后再合模。

■ 设计规范

① 顶棍孔的位置，应增加顶棍介子，介子可以兼作限位用，如图 6-5 所示。若顶出行程过长，介子上做不了限位，可单独做限位杆。

② 若抬芯块必须先回位，可直接靠顶棍拉回，顶棍介子上做上螺钉孔，用于跟顶棍连接，如图 6-5 所示。

③ 有些公司嫌顶棍跟介子安装太麻烦，不愿意靠顶棍拉回时，可以单独做先复位机构。

④ 抬芯块相关的设计参考前面所讲内容。

6.3.2 油缸顶出式

油缸顶出式是指用油缸驱动抬芯块，使其从后模内被顶出的方式，如图 6-6 所示。

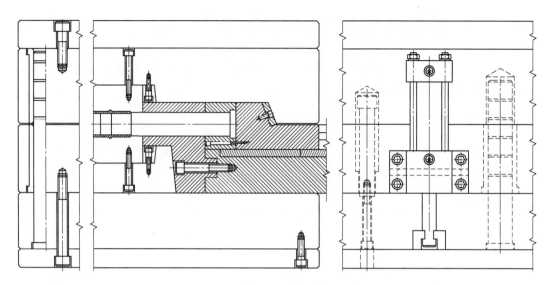

图 6-6　油缸顶出式抬芯

动作原理：

开模时，油缸推动抬芯块脱离后模；合模时，油缸先拉回抬芯块，然后再合模。

设计规范

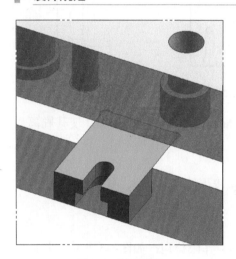

图 6-7　顶出镶块

① 为保证平衡，油缸位置尽可能靠中间，且左右对称。

② 油缸的活动方向应跟起跳块的活动方向平行，其平行度要保证在 0.15° 以内，油缸应做定位块定位。

③ 与油缸连接的工字块，由于顶出和回位时均要受力，因此最好沉入模板里面，用模板压住，如图 6-7 所示。

6.3.3　强制拉开式

大多数情况下，均可使用上面讲的两种方式驱动抬芯。当模具受空间、布局等因素的影响，不方便做油缸驱动和顶棍驱动时，可考虑强制拉开式，如图 6-8 所示。

在抬芯块跟 A 板之间装上拉杆，拉杆的顶端锁上介子，使拉杆一端作用在抬芯块上，另一端作用在 A 板上。A 板与拉杆之间做上一段限位距离。拉杆与抬芯之间也做上一段限位距离。

A 板与抬芯块之间的开模距离即为两段限位距离之和。注意：该距离应保证机械手或人工能方便取产品。

抬芯块与 B 板之间应做限位杆限位。若因空间受限，不便做限位杆时，可在导柱顶部锁上介子限位。

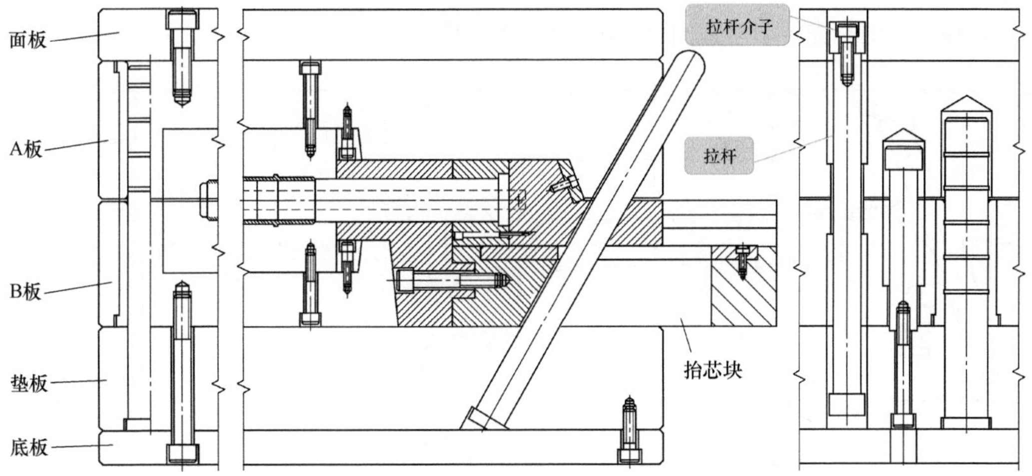

面板

A板

B板

垫板

底板

拉杆介子

拉杆

抬芯块

图 6-8　强制拉开式抬芯

　　空间允许的情况下，应做 4 支拉杆，位置应靠边，应保证受力平衡。若空间受限，至少也应做 2 支拉杆。

　　一般情况下，不推荐使用强制拉开的方式，相对前两种方式来说，强制拉开式的局限性较大。在实际生产过程中，螺钉松动之后，不便调整。若其中某两支拉杆松动较大，会造成其他拉杆因受力过大而使拉杆或螺钉断裂。

　　动作原理：

　　开模时，A、B 板打开到一定距离后，拉杆拉动抬芯块，使其带着产品一起脱离后模，当行至预设距离时，开模完成，取出产品。合模时，直接压回即可。

设计规范

　　① 由于 A 板与抬芯之间的开模距离受拉杆的影响，故该做法需先确定开模距离，再确定拉杆限位距离。

　　② 空间允许的情况下，应做 4 支拉杆，位置靠边，保证受力平衡。若受空间限制，至少也应做 2 支拉杆。

　　③ 抬芯块及滑块的其他设计规范，请参考本章前面的内容。

6.4　整板抬芯

　　整板抬芯可以看成是由后模推板模具演变而来，即在整块推板上做滑块抬芯，如图 6-9 所示。

　　整板抬芯分为有顶针板和无顶针板两种形式。当模具不需要顶出水口时，可做成如图 6-9 所示的无顶针板的形式。若有水口需要顶出时，可局部或整块做顶针板，抬芯时，推板带着顶针板一起活动。

　　动作原理：

　　A、B 板开模后，推板顶出，油缸拉动滑块后退，滑块前面挡板挡住产品，使其与滑块脱离。

合模时，油缸先推动滑块回位，A、B 板再合模。

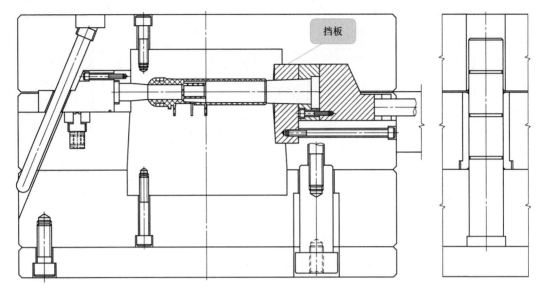

图 6-9　整板抬芯

设计规范

①做整板抬芯的模具，大多数情况下滑块必须完全退出产品。

②推板的驱动方式可参考 2.2 章后模先抽芯所讲内容。

③该种结构，后模仁厚度会比较厚，后模仁与推板配合的 4 个面必须要有斜度，且不能避空。

④挡板与推板之间必须做好定位，因挡板推出产品时要受力，所以，螺钉最好从侧面锁紧，如图 6-9 所示。

⑤滑块芯子与挡板之间做斜度配合。斜度不宜过大，以保证产品有足够大的端面受力。

⑥抬芯相关部分的设计请参考本章前面的内容。

6.5　抬芯上顶出

前面所讲的几种抬芯方式，均是滑块后退使产品脱离滑块。而有些产品，滑块后退的方式会显得笨拙，又浪费，又复杂，或者根本退不出来。若直接采用在抬芯上顶出的方式，将大大减小模具成本，优化模具结构。

如图 6-10 所示产品四面都是外观，呈扁形，比较长，产品开口处比柄处的尺寸要小。若使用抬芯滑块后退的方式，模具上根本无法实现。因分型面的影响，滑块后退时，滑块分型面会与模仁产生干涉。因此，考虑抬芯上做顶出，如图 6-11 所示。

该模具的做法是在抬芯块后部接上一组顶针板。中导柱固定板 1 和中导柱固定板 4 固定好中导柱，顶针板在两者之间滑动，靠中导柱导向。顶针板由油缸控制顶出和回位。

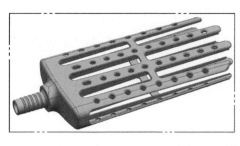 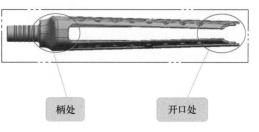

柄处　　开口处

图 6-10　抬芯上顶出产品图

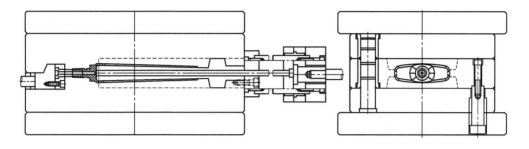

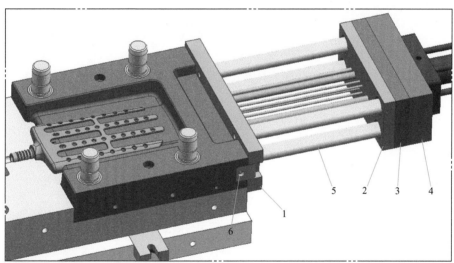

5　2　3　4

1

6

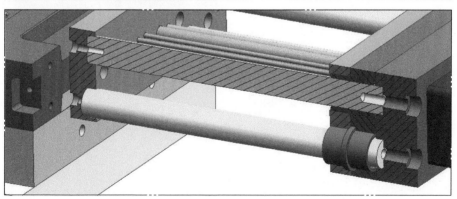

图 6-11　抬芯上顶出

1,4—中导柱固定板；2—顶针面板；3—顶针底板；5—中导柱；6—定位块

动作原理：

开模时，A、B板先打开，抬芯块顶出后，油缸推动顶针板，将产品从抬芯块上顶出。合模前，油缸先拉动顶针板回位，抬芯块再回位，接着再合模。

设计规范

① 顶针板组件与抬芯块之间必须做好定位。图6-11中使用定位块定位。

② 顶针板组件所有承重全在中导柱上，在不影响模具布局的情况下，中导柱尽可能使用大型号。

③ 中导柱沉入固定板的深度尽可能深一些，以保证偏位尽可能少。

④ 为防止锁螺钉时中导柱转动，中导柱与固定板之间应做D字形定位。

⑤ 抬芯块应做好定位和锁模，防止生产时被注塑压力打偏。

第 **7** 章

内滑块和缩芯系列结构

产品内部的倒扣，多数情况下都使用斜顶脱模，当因产品或模具本身的一些因素限制，如进胶方式、产品空间受限、产品结构受限等，不能使用斜顶脱模时，则考虑内滑块脱模。

而缩芯结构是在内滑块的基础上延伸、演变的一种脱模方式，也可以看成是另一种形式的内滑块。

7.1 内滑块

根据产品倒扣位置的不同，分为前模内滑块和后模内滑块。

7.1.1 前模内滑块

位于产品前模侧的倒扣，因产品结构、进胶、模具结构受限等原因，不方便做斜顶时，考虑做内滑块结构脱模。

如图 7-1 所示产品，大外观面上有两处倒扣，该倒扣位于前模侧，且在产品中间位置，产品细水口三点进胶。

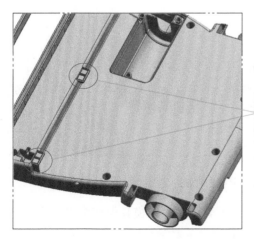
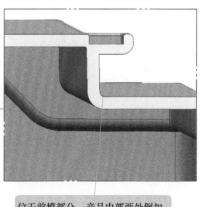

位于前模部分，产品内部两处倒扣。

图 7-1　前模内滑块产品图

凡细水口模具，若倒扣靠近产品中间位置，基本不考虑做前模斜顶。因为前模斜顶影响到产品进胶和流道的位置。特殊情况下，可以在顶针板中间做镶件，结构上虽然也能实现，但模具会做得比较复杂，而且模厚会相应增加。

内滑块自身体积较小，模具空间占用小，不增加过多模厚，不影响进胶，如图 7-2 所示。

大水口模具若倒扣数量较少，不影响模具空间的情况下，也可考虑做前模内滑块。

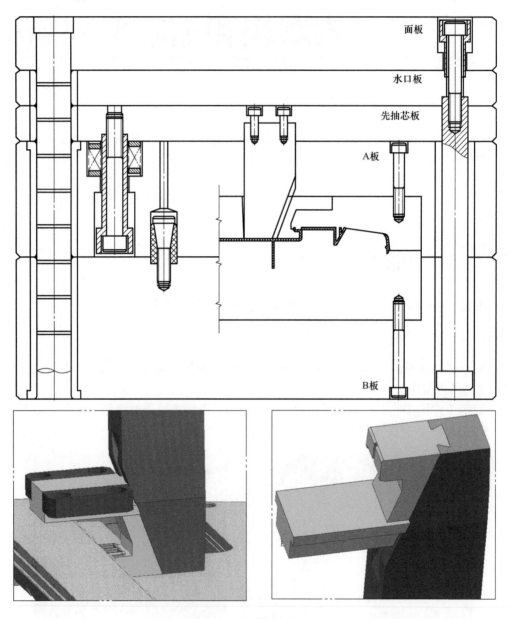

图 7-2　前模内滑块

大水口模具做前模内滑块，应使用 GCI 模架。细水口模具做前模内滑块，若铲基与滑块可以脱离，则可使用常规细水口模架。若因带基要参与封胶等原因，不宜与滑块脱离时，应增加一块先抽芯板。模架可参考 2.1.1 节细水口前模先抽芯的相关内容。

动作原理：

细水口模具前模内滑块，模具开合模动作顺序参考 2.1.1 节细水口前模先抽芯；大水口模具前模内滑块，模具开合模动作顺序参考 2.1.2 节大水口前模先抽芯。

设计规范

① 若带基不需要封胶，且空间足够时，带基和内滑块可使用工字连接；若内滑块和带基均要封胶，带基和滑块应如图 7-2 所示做燕尾槽连接，且相关封胶面均应有斜度。

② 带基前端的最小头尺寸应大于滑块钩子处尺寸，如图 7-3（b）所示，$A > B$，才能保证滑块装进模具里面；若 $A < B$，则模具无法安装。

③ 在滑块行程较小、模具空间足够时，可采用斜导柱加铲基的做法，降低模具加工和配模的难度，如图 7-3（a）所示。

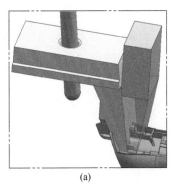
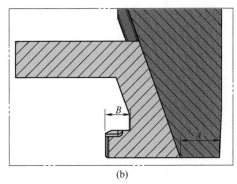

(a) (b)

图 7-3　滑块拆分形式

④ 滑块和带基若采用燕尾或工字的连接方式，模具完全打开时，应保证滑块与带基的配合面相连处有不少于 1/2 的部分连接在一起；若配合面特别长时，也应有不少于 1/3 的部分连接在一起，不可使其脱离。

7.1.2　后模内滑块（前模驱动型）

位于产品后模侧的倒扣，因产品结构、进胶、模具结构受限等原因，不方便做斜顶时，考虑做内滑块结构脱模。

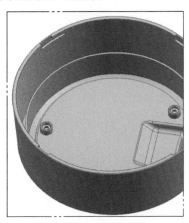
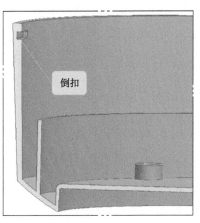

图 7-4　后模内滑块（前模驱动型）产品图

如图 7-4 所示产品后模位置，整圈有 4 个类似的倒扣，靠近倒扣的侧面有一条深筋，斜顶无法实现，故考虑做内滑块。

如图 7-5 所示，内滑块下面的座子把内滑块固定在后模仁上。后模仁压住滑块顶面，滑块在座子上导向。若滑块顶面与后模仁导向配合面较小，滑块座子可设计工字形导向，如图 7-6（b）所示。

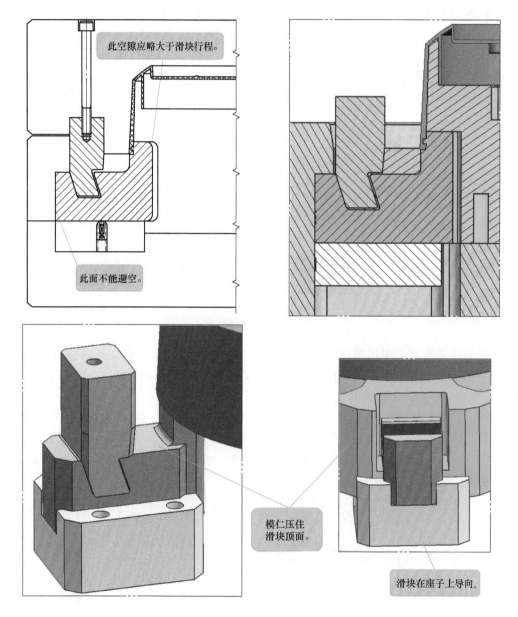

图 7-5　后模内滑块（前模驱动型）

若拨块位置太靠前，使滑块单薄，影响强度时，可设计如图 7-6（a）所示的筋，以增加滑块强度。

动作原理：

开模时，拨块拨动滑块内缩，使之脱离倒扣；合模时，拨块铲回滑块。

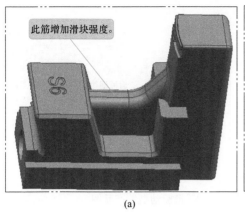
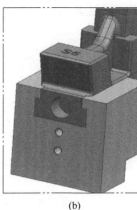

此筋增加滑块强度。

(a)　　　　　　　　　　　(b)

图7-6　滑块加强方式

设计规范

① 设计时应考虑模仁的加工方式，根据滑块设计不同，加工方式也不一样，一般有如图7-7所示的两种加工方式。图7-7（a）为从模仁底面直接加工；图7-7（b）为从模仁侧面加工。

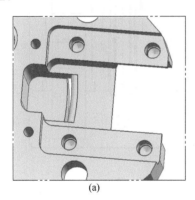
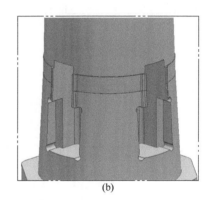

(a)　　　　　　　　　　　(b)

图7-7　模仁的加工方式

② 若模仁需从侧面加工，应做好加工工艺面、台、孔。

③ 内滑块脱模方向的前端面与模仁之间的间隙应略大于滑块行程，如图7-5所指位置。

④ 内滑块的后端面与模板面应贴住，不能避空，如图7-5所指位置。

⑤ 根据模具空间和位置不同，该滑块亦可设计成斜导柱加铲基等形式。

7.1.3　后模内滑块（后模驱动型）

7.1.2节所讲案例是靠前模带动后模内滑块脱模。有些后模内滑块因空间或位置限制，没办法靠前模驱动时，只能靠后模带动出模。

如图7-8所示产品为圆形，整个外形都是倒扣，这类产品前面章节讲过，应该做哈夫滑块。而产品后模位置有4个倒扣。哈夫滑块包住了整个产品外形，该4个后模滑块没办法再使用前模驱动出模。

如图7-9所示，该结构推板驱动方式跟2.2节后模先抽芯所讲动作相同。模具应根据实际情况选择不同的驱动方式。

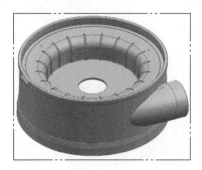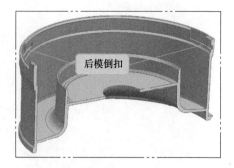

图 7-8　后模内滑块（后模驱动型）产品图

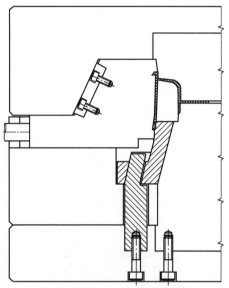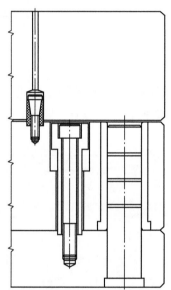

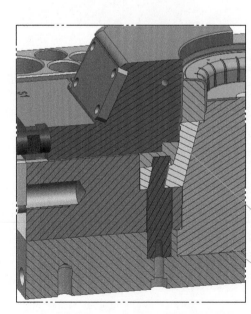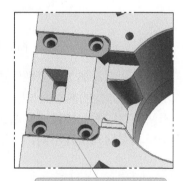

滑块反面直接压在后模仁上。

此面不避空，以承受注塑压力。

先抽芯镶件。

图 7-9　后模内滑块（后模驱动型）

动作原理：

凡后模推板与 B 板需要开一次模的结构，要先确定是否需要顶针板同步开模，再选择合适的驱动方式开模。在 2.2 节后模先抽芯中已讲清楚，动作原理详细参考后模先抽芯的相关内容。

设计规范

① 该结构是靠后模推板开一次模来实现内滑块脱模，应先确定推板开模距离，再确定顶针板顶出距离，以确定方铁高度和模厚。

② 推板开模到底后，最好保证拨块仍然停留在滑块内，以减少不必要的风险。

③ 若产品中间无先抽芯镶件，拨块可改为工字铲基带动滑块，或斜导柱加铲基的形式，如 7.1.1 前模内滑块所讲的形式。

④ 模板动作先后顺序的设计，根据模具实际需要，选择 2.2 节后模先抽芯所讲的动作。

⑤ 后模内滑块，若能采用后模驱动的方式，应尽量采用这种方式，该方式稳定性比前模驱动要好，不用担芯滑块不能承受过大的注塑压力等问题。

⑥ 若倒扣位置离分型面位置较远，模具只能采用后模驱动式，不能使用前模驱动式。

总结

无论前模内滑块还是后模内滑块，若能使用斜导柱加铲基的形式，则尽量避免工字带基和燕尾带基的连接方式。若必须选择这两种带基形式，带基与滑块不能脱离，在开模状态下最少应保证两者的配合面有 1/2 以上的部分相连。若因空间限制，起码要有不低于 1/3 的部分相连。

7.2 内缩芯

内缩芯是内滑块的演变，主要区别在于内滑块仍是靠压条等导向，内缩芯是靠带基导向。业内也有人把内滑块称为内缩芯，这不准确。

内缩芯主要用于产品内部的倒扣，因模具空间、结构等因素，无法使用斜顶脱模时，可考虑做内缩芯的结构。

7.2.1 后模内缩芯

后模内缩芯是做在后模侧的缩芯机构。

如图 7-10 所示产品，直径 30mm 左右，后模有 3 个倒扣，中间还有形状，这位置空间太小，斜顶无法实现。因此考虑做内缩芯，如图 7-11 所示。

动作原理：

该类型模具仍然涉及 B 板和推板需要开一次模，应该使用何种驱动方式开模？不同类型的开模顺序设计规范在 2.2 节后模先抽芯中已讲清楚，详细的动作原理请参考先抽芯相关内容。

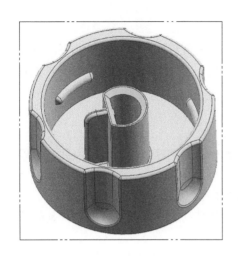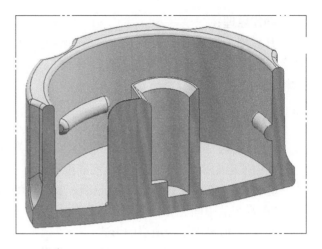

图 7-10　后模内缩芯产品图

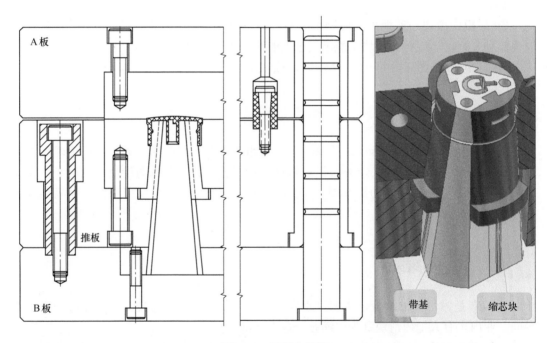

图 7-11　后模内缩芯

设计规范

① 凡缩芯结构的模具，缩芯块与带基之间大多数情况下都用燕尾连接，如图 7-11 所示。少数情况下，若空间足够时，才使用工字连接。

② 模具完全打开时，缩芯块与带基的燕尾配合面连接处不应小于总长的 1/2；若行程特别长，配合面较大时，配合面连接处也不应低于总长的 1/3。

③ 因空间限制，缩芯块斜度取值范围一般为 3°～16°，若空间不受限，斜度可在 3°～25°以内选取。

④ 缩芯块挂台尺寸 A（图 7-12）的值不应小于其行程的 2 倍，在不影响模具空间布局的情况下，应适当大一点，以保证平稳。

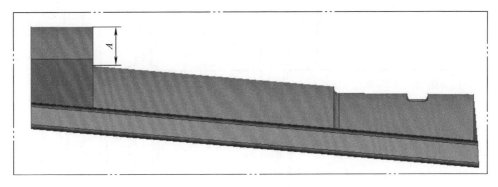

图 7-12　缩芯块挂台尺寸

⑤ 缩芯块拆分好之后，应模拟一下开模动作，防止与产品干涉，或缩芯块之间相互干涉。

⑥ 模板动作先后顺序的设计，可参考 2.2 后模先抽芯的相关内容。

⑦ 推板的驱动方式可参考 2.2 后模先抽芯的相关内容。

7.2.2　前模内缩芯

前模内缩芯是做在前模侧的内缩芯机构。

如图 7-13 所示产品，整个外圈都是外观面，红色圈中位置在脱模方向是两处倒扣，该产品左右对称，结构相同。由于产品直径较小且较长，若做斜顶脱模，斜顶会非常单薄，而斜顶还有较长部分无导向，容易外翻，故考虑做缩芯。

若按如图 7-13 所示那样横向摆放出模，产品必须要做抬芯，在抬芯上做缩芯，模具结构会变非常复杂。若竖着摆放，缩芯机构做到前后模侧，利用模具自身开模动作来完成，模具会变得简单不少。

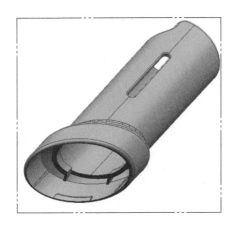 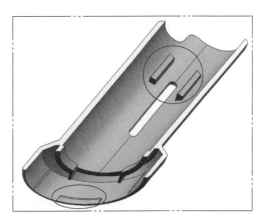

图 7-13　前模内缩芯产品图

如图 7-14 所示，产品前、后模均有缩芯，前模缩芯靠开闭器拉开，后模缩芯靠顶棍顶出。由于后模推板要活动，故开闭器应设计连接杆与 B 板连接，使其作用力直接作用在 B 板上。这只是针对本案例的动作设计。理解了先抽芯章节所讲的动作分解，这并不复杂。

因 A 板与面板，B 板与推板均需要开模一次，所以，前模应有一组导向，后模也应有一组导向。

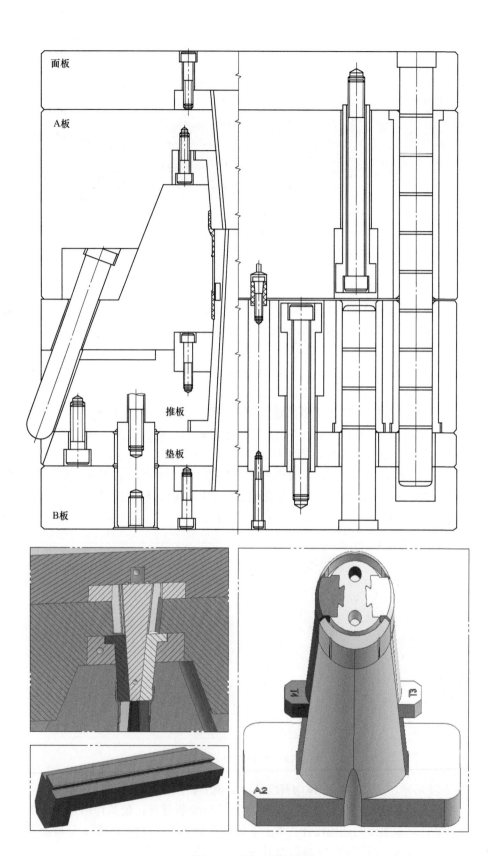

图 7-14　前、后模缩芯

7.2.1 节案例缩芯块的做法是针对圆形小产品缩芯最常见的做法。本案例缩芯块的做法是针对产品尺寸稍大、空间足够时的一种设计方法。两种做法相比，加工和配模难度都差不多。在实际设计工作中，可酌情选择。

动作原理：

开模时，面板与 A 板处先打开，带基带动缩芯块内缩，待前模缩芯完成后，A、B 板之间再开模，直至开模结束后，顶棍顶出推板，使后模缩芯块内缩，完成整个动作。

前、后模均有内缩芯的模具，开模动作及顺序稍多一些，各模板开模动作及驱动方式在第 2 章先抽芯系列结构中已讲清楚，详细的动作原理请参考相关章节。

■ 设计规范

① 设计时应模拟缩芯块开合模动作，确定其与产品或其他零件间的距离，防止缩芯过程中相互干涉。

② 确定好各模板之间的开模顺序后，参考第 2 章先抽芯系列结构所讲的动作控制，配合开合模顺序控制机构，实现各板之间的动作顺序要求。

③ 其他设计规范参考 7.2.1 节后模内缩芯。

7.2.3 滑块上内缩芯

滑块上内缩芯和滑块上做斜顶要对比区分，如果滑块上既能做斜顶，又能做内缩芯，在两者对产品来说都无影响的情况下，应选择滑块上内缩芯机构。因为内缩芯机构无论从受力角度还是稳定性来说，均优于滑块上做斜顶，其他情况应酌情选择。

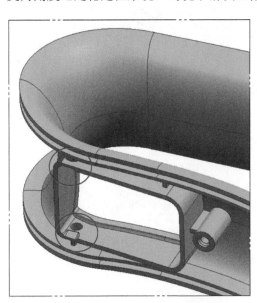
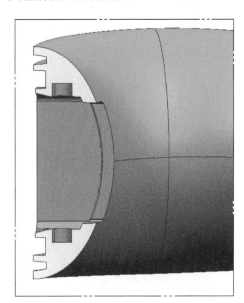

图 7-15　滑块上内缩芯产品图

如图 7-15 所示产品，侧面滑块上有两个小圆孔倒扣（红色圈中位置），小圆孔深 2mm，若采用斜顶出模，此处斜顶会比较单薄，容易折断，因此，考虑做内缩芯机构脱模，如图 7-16 所示。

该结构是滑块上做滑块加上缩芯结构的组合使用。滑块的驱动方式和设计规范可参

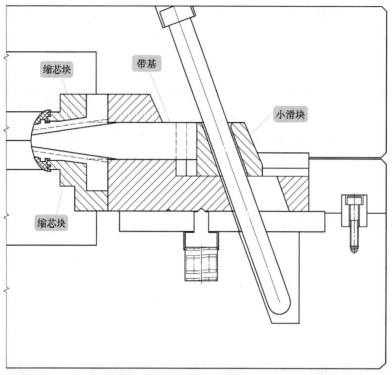

缩芯块

带基

小滑块

缩芯块

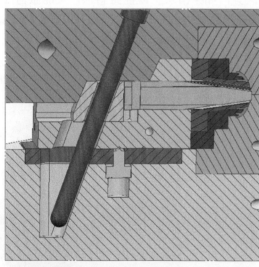

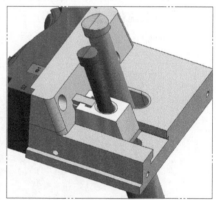

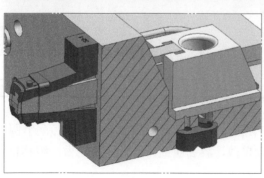

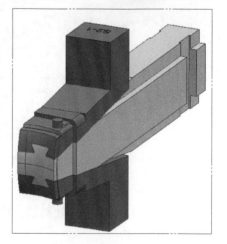

图 7-16　滑块上内缩芯

考 4.8 节滑块上做滑块的相关内容。

动作原理：

开模时，小滑块带动带基后退，使缩芯块内缩。缩芯块完全脱离倒扣后，大滑块再带动小滑块和缩芯一起运动，直至完全脱离倒扣。

合模时，待大滑块完全回到位后，小滑块和缩芯块再回位。若缩芯块先回位与模具无干涉时，也可大滑块回位的过程中，小滑块和缩芯块跟着回位。具体视实际情况而定。

设计规范

① 缩芯块的设计规范可参考后模内缩芯所讲内容。

② 滑块的各驱动方式及设计规范、动作顺序要求等，参考 4.8 节滑块上做滑块的相关内容。

③ 若缩芯块先回位时会与模具产生干涉，则必须让大滑块回位之后，缩芯块再回位。若先后回位均无影响时，则尽可能地简化模具动作。

7.2.4 整圈倒扣多瓣内缩芯

整圈倒扣多瓣内缩芯是处理整圈倒扣最常用的方法。如图 7-17 所示产品，圆形处内侧有一整圈倒扣。

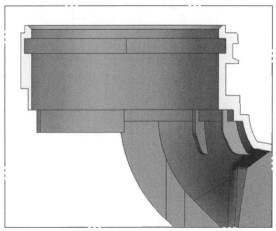

图 7-17 整圈倒扣产品图

整圈倒扣脱模一般有三种方式：两个滑块加两个斜顶、缩芯、强脱。

两个滑块加两个斜顶脱模，即把倒扣分成四份，两份做内滑块，两份做斜顶。先把滑块部分脱掉之后，再由斜顶顶出，这种做法适合于产品内部空间较大时，不适用于小圆形整圈倒扣。

产品内部空间较小时，多选用内缩芯的形式。一般来说，做内缩芯的产品内径应不小于 20mm，否则缩芯很难加工，太单薄，易断。若内缩芯的产品内径小于 20mm，可选择 DME 伸缩芯结构，但价格较贵。

倒扣非常小、截面斜度较大者，可考虑强脱，详细做法请参考强脱章节的相关内容。

动作原理：

整圈倒扣缩芯动作原理跟前面讲的内缩芯基本一致，都是靠带基拉动缩芯块内缩，达到脱离倒扣的目的。整圈倒扣缩芯可以看作是在内缩芯的基础上多增加了几个缩芯块，开模顺序及动作原理可参考内缩芯所讲内容。

设计规范

① 整圈倒扣缩芯应注意各缩芯块的角度不同，较小的缩芯块的斜度（图 7-18 中斜度 1）应大于或等于较大缩芯块（图 7-18 中斜度 2）的 2 倍，否则结构不能实现。

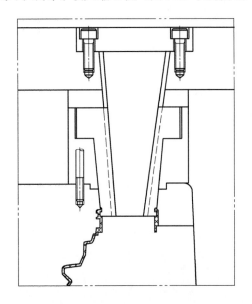
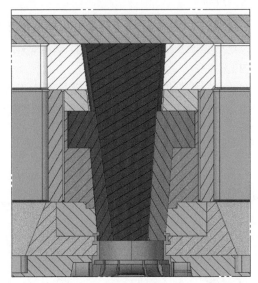

(a)

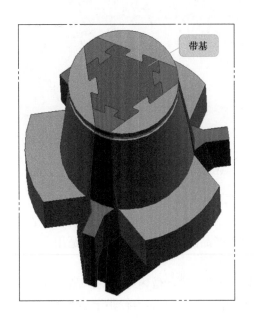
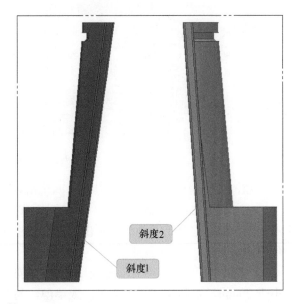

(b)

图 7-18　整圈倒扣缩芯

② 缩芯块的脱模行程以较大缩芯块的行程为准。

③ 设计好缩芯块之后，应进行开模行程模拟，应保证开模到底后，各缩芯块之间不产生干涉，如图 7-19 所示。

④ 一般情况下，较大的三个缩芯块完全一样，较小的缩芯块也完全一样。

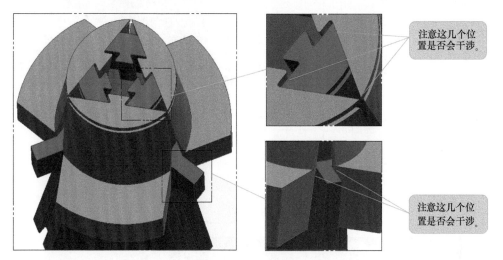

图 7-19　缩芯开模状态

⑤ 出图时，应注意缩芯块的加工工艺。为保证加工准确度，先用圆料车床开粗后，再线割下来，与带基配好，调好高度后，再用车床或数控铣或电火花精加工，设计时需做好工艺夹具。

7.2.5　内缩芯上顶出

当缩芯块上成型面较大且较复杂时，注塑完成后，产品容易粘住缩芯块，使产品取出困难，或被缩芯块拉变形，在这种情况下，应在缩芯块上增加顶针，辅助脱模。

如图 7-20 所示产品，整个内侧面都是倒扣，结合该产品外形，不用考虑斜顶脱模。斜顶除拆分困难之外，多个斜顶在多方向上运动，而且还要相互配合封胶，结构很难实现，胶位面很难接得平顺，故考虑做内缩芯。

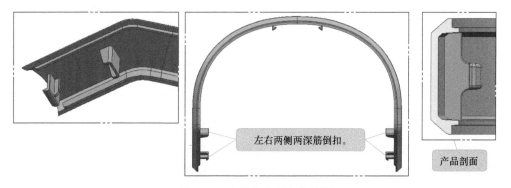

图 7-20　内缩芯上顶出产品图

产品左右两侧较深的筋位，注塑完成后容易粘住缩芯块。因此，该产品缩芯上应设计顶出机构，辅助脱模，如图 7-21 所示。

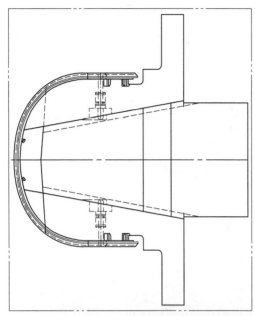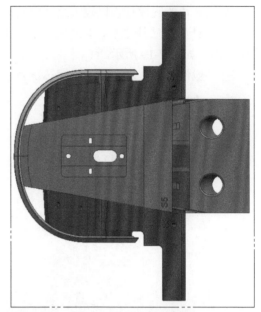

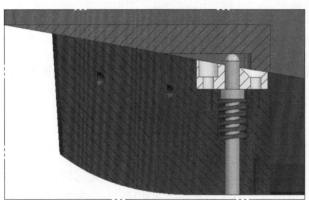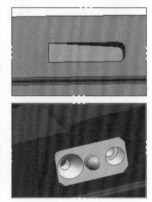

图 7-21　缩芯上设顶出机构

该顶针的做法与滑块上单顶针和斜顶上单顶针类似，在顶针上面套上弹簧，带基上铣出一段直身槽，以达到顶出的目的。

动作原理：

开模时，带基拉动内缩芯后退，带基上的直身面挡住顶针，使其推动产品，达到顶出的目的。由于整个过程中，带基与缩芯块不脱离，合模时，顶针自动滑入直身槽。

设计规范

①顶出部分的设计规范及要求可参考 4.9.1 节滑块上单顶针顶出的相关内容。

②带基拉动到底之后，应注意顶针是否会脱离带基面，若会脱离，应如 5.4.1 节斜顶上单顶针所讲，在缩芯顶端后部，设计一个类似于斜顶的凸台，以防止口部封胶面磨损。

第**8**章

螺纹模结构

螺纹产品分为内螺纹和外螺纹，大多数情况下，外螺纹采用哈夫滑块脱模，而工作中所讲的螺纹模多是指内螺纹旋转脱模结构。

内螺纹产品的脱模方式包括手工脱螺纹、强制脱螺纹、伸缩芯脱螺纹、旋转脱螺纹等方式。

手工脱螺纹一般用于试验模（样品模），即模具只为了生产少量的样品，不做批量生产用。该做法是在注塑完成后，产品连同螺纹镶件一同从模具里取出，然后再由工人手动将产品与螺纹镶件分离。

强制脱螺纹一般用于韧性好的塑料、半圆形较浅的粗牙产品。

伸缩芯脱螺纹类似于整圈倒扣缩芯的做法，详细可参考 7.2.4 节整圈倒扣多瓣内缩芯的相关内容。

通常情况下讲的螺纹模结构指旋转脱螺纹，即在注塑完成后，在模内使螺纹芯子旋转与产品脱离，达到自动脱模的目的。从模具结构上来讲这种做法比其他做法要复杂一些，但对大批量生产来说，旋转脱螺纹的产品质量较好，生产效率高，总体成本较低。

旋转脱螺纹通常有以下几种做法，如图 8-1 所示。

① 油缸加齿条脱模。

② 马达加链条脱模。

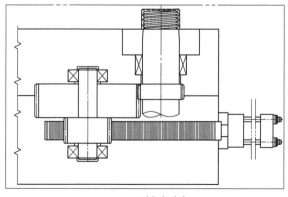

(a) 油缸加齿条

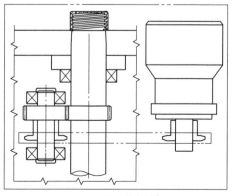

(b) 马达加链条

图 8-1

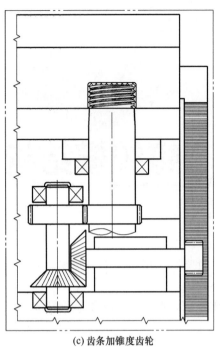

(c) 齿条加锥度齿轮

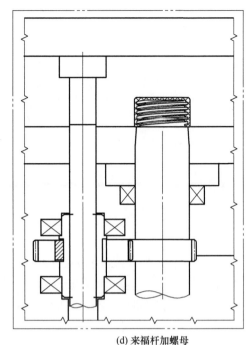

(d) 来福杆加螺母

图 8-1　旋转脱螺纹常用做法

③ 齿条加锥度齿轮脱模。

④ 来福杆加螺母脱模。

这四种方式中，前两种因局限性较小，应用最为广泛。

8.1　螺纹产品结构的确定

凡要做脱螺纹的产品，设计之前必须对产品的结构进行详细分析，以确定产品是否能满足脱螺纹的条件。一般来说，需要确定的有以下一些信息。

（1）螺纹的类型

按螺纹截面的形状，可分为三角形螺纹、梯形螺纹、矩形螺纹……；按线数又分为单头螺纹、双头螺纹、多头螺纹等；按方向又分为左旋螺纹、右旋螺纹。

对于旋转脱螺纹而言，螺纹形状、线数、方向等对其结构的影响不大。

（2）产品是否有止转位

产品的止转位是保证旋转脱螺纹的基本条件，若产品上无止转位，则产品会跟随螺纹芯子转动，结构上不能实现。凡是自动脱螺纹的模具，必须要止转位。

常见的止转方式有靠产品上的异形止转，或产品口部加止转槽止转。如图 8-2 所示，图 8-2（a）的产品可靠外形异形止转；图 8-2（b）的产品靠口部的止转槽止转。

（3）产品的穴数和需要退螺纹的圈数

确定了穴数和需要退螺纹的圈数，结合产品的其他结构和要求，便可以初步判断使用哪种脱螺纹结构。模具实际退螺纹的圈数等于产品的螺纹圈数加上 0.3 ～ 1 圈。螺纹参数如图 8-3 所示。

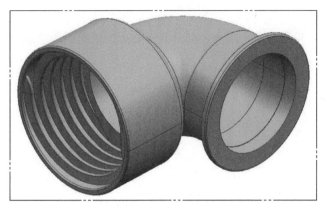

止转槽

图 8-2　止转方式

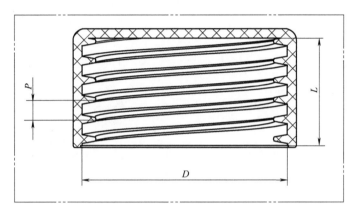

图 8-3　螺纹参数
P—螺距；D—螺纹外径；L—螺纹长度

8.2　齿轮的参数及使用条件

齿轮的种类有很多，螺纹模上常用的就是直齿轮。齿轮使用前，需要先对齿轮有个清晰的了解。

（1）齿轮的基本信息

众所周知，齿轮的齿形是由渐开线构成的，到底什么是渐开线呢？如图 8-4（a）所示，当直线在圆上滚动时，直线上任意一点的轨迹称为该圆的渐开线。这个圆称为基圆，直线称为发生线。对于注塑模具行业来讲，知道这个理论知识即可，不用了解得太深，实际工作中用得很少。

在齿轮中，除了齿两侧的一段渐开线之外，其他线均是由规则曲线构成的。

在了解了渐开线之后，接下来一起来了解一下构成齿轮的其他几个重要部位的名称，如图 8-4（b）和（c）所示。

- 齿顶圆：齿轮最大外形所构成的圆。
- 齿根圆：齿底所构成的圆。
- 分度圆：可以理解为理论上两齿轮的啮合点所构成的圆。

- 节点：两齿轮理论上的啮合点。
- 压力角：通过节点与基圆相切的线段的两个端点，与基圆圆心所构成的两条法线组成的角度。
- 齿宽：齿宽也是齿轮的厚度。

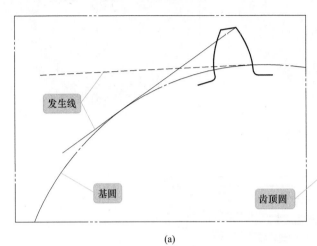

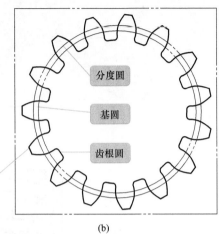

(a)

(b)

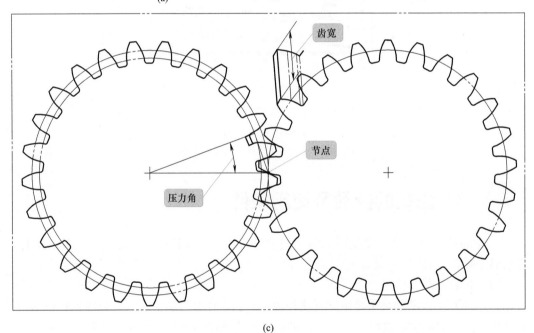

(c)

图 8-4　齿轮基本信息

- 模数：是一个抽象的概念，它主要决定齿的大小。
- 传动比：两相互啮合的齿轮的转速比，模数相同时，传动比就是齿数比。为方便计算，工作中传动比也可按分度圆之比来计算。
- 齿距：两齿之间分度圆弧长的值。
- 齿高：单个齿的高度，即从齿顶圆到齿根圆的距离。

（2）齿轮各参数之间的关系表

齿轮各参数之间的关系和计算公式，参考表 8-1。

表 8-1 齿轮参数及计算公式

名称	代号	计算公式
齿数	z	$z=d/m$
模数	m	$m=d/z$
分度圆直径	d	$d=mz$
齿距	p	$p=\pi m$
齿高	h	$h=2.25m$
压力角	α	一般取值为 20°

注：表 8-1 中的公式是工作中常用的公式，实际上各参数的计算公式不止一种。在模具设计时，其他公式基本用不着。

（3）齿轮模数的选择

齿轮的模数越大，齿便越大，受力也越大。为了设计和加工的方便，模数的值已标准化。国家标准 GB/T 1357—2008《渐开线圆柱齿轮模数》规定如下。

① 模数的代号是 m，单位是 mm。

② 模数选取时，优先采用第Ⅰ系列。

第Ⅰ系列：1，1.25，1.5，2，2.5，3，4，5，6，8，10，12，16，20，25，32，40，50

第Ⅱ系列：1.125，1.375，1.75，2.25，2.75，3.5，4.5，5.5，（6.5），7，9，11，14，18，22，28，36，45

在模具中，用得较多的模数为 1，1.5，2，2.5，3，4。应避免采用第Ⅱ系列中的法向模数 6.5。

（4）齿轮啮合要求及传动比

齿轮啮合的基本要求，通俗一点可理解为：凡两齿轮的模数，压力角相等的情况下，这两个齿轮均可以正确啮合。

齿轮传动的基本要求，通俗一点讲，理论上模数和压力角相等的齿轮，分度圆相切时即可正常传动。

实际工作中，由于加工精度和误差的存在，设计时若两齿轮分度圆刚好相切，在转动时可能会非常紧，需要很大的力才能转动。这时，容易导致轮齿崩塌或卡死。

因此，在实际工作中，应根据公司实际加工所能达到的精度，在两齿轮的分度圆之间留出 0.1～0.2mm 间隙。

（5）如何确定模数、齿数、传动比

① 齿数的确定。当两齿轮的中心距一定时，齿数越多，传动越平稳。但齿数多，模数就小，齿的厚度也小，强度降低。因此，在保证齿轮强度的前提下，应尽量选择较多的齿数，且齿数尽量选择偶数。在工作中，最先确定的是螺纹芯子的直径，当直径确定后即可选择适当的模数，确定螺纹芯子的齿轮大小。模数选择时，可根据相应模数调出对应的齿轮，以判断其大小是否合适。

② 模数的确定。工业用齿轮模数一般取值 $m \geqslant 2$。

③ 传动比的确定。模具中使用的传动比限制较少，传动比的选择与驱动方式有很大关系。比如，用齿条加齿轮或来福杆驱动的模具，由于传动受行程的限制，故应选择大一点的传动比，一般传动比取值 $1 \leqslant i \leqslant 4$，若产品较小可选择 $1 \leqslant i \leqslant 6$；用马

达或电机驱动时，因传动圈数无限制，为降低马达或电机的瞬间启动力，一般取值为 $0.25 \leqslant i \leqslant 1$。

8.3 轴承的分类及代号

8.3.1 轴承的分类

轴承的种类较多，模具上使用较多的为深沟球轴承、滚针轴承、圆锥滚子轴承、推力轴承、直线运动轴承等，如图 8-5 所示。

轴承在运动时，主要承受径向和轴向两种载荷，如图 8-6 所示。不同类型的轴承，其所承受的载荷不同，使用时也不一样。

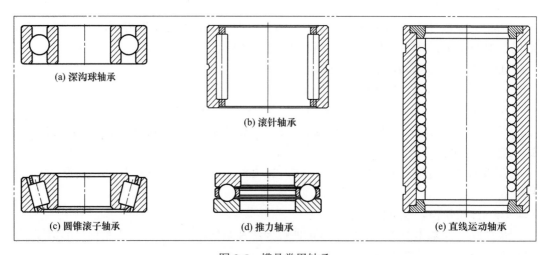

(a) 深沟球轴承   (b) 滚针轴承   (c) 圆锥滚子轴承   (d) 推力轴承   (e) 直线运动轴承

图 8-5 模具常用轴承

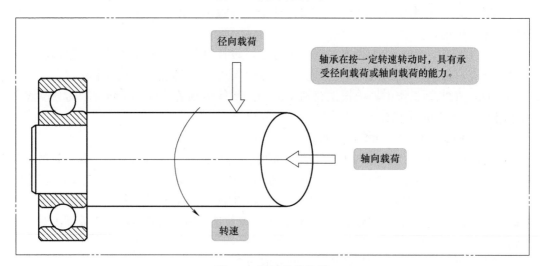

径向载荷

轴承在按一定转速转动时，具有承受径向载荷或轴向载荷的能力。

轴向载荷

转速

图 8-6 轴承载荷类型

① 深沟球轴承。主要承受径向载荷，也可承受一定的轴向载荷。

② 滚针轴承。只承受径向载荷。

③ 圆锥滚子轴承。可以同时承受径向和轴向载荷。

④ 推力轴承。只承受轴向载荷。

⑤ 直线运动轴承。类似于滚针轴承，只承受径向载荷。

8.3.2 轴承代号组成及含义

轴承的代号由前置代号、基本代号、后置代号组成，如图8-7所示。轴承是标准件，在订购时，直接写轴承代号即可。轴承代号的详细内容请参考国家标准 GB/T 272—2017 《滚动轴承代号方法》。

模具上用到的轴承，只需要了解基本代号即可。

基本代号由类型代号、尺寸系列代号、内径代号组成。

① 类型代号。表示轴承是什么类型。模具常用轴承类型代号见表8-2。

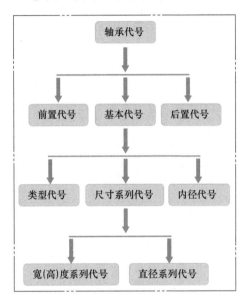

图8-7　轴承代号组成

表8-2　模具常用轴承类型代号

代号	轴承类型
3	圆锥滚子轴承
5	推力球轴承
6	深沟球轴承
N	圆柱滚子轴承
NA	滚针轴承

② 尺寸系列代号。表示轴承的尺寸，该尺寸主要代表轴承的载荷大小，类似于钢弹簧的颜色表示方式。其值由宽（高）度系列代号、直径系列代号组成，如表8-3所示。

•直径系列代号：特轻（0、1），轻（2），中（3），重（4）。

•宽度系列代号：一般正常宽度为"0"，通常不标注。但圆锥滚子轴承和调心滚子轴承不能省略"0"。

例如：6010为轻薄系列，应用于轻载荷、高转速；6210是轻型系列，用于轻型载荷，合理转速，是应用面最广的类型；6310是中重型系列；6410是重系列，用于重载低速。中型和中重型应用最广，如各类机械传动部件、中小型电动机、摩托车等各种机械设备几乎都有用到这两种类型。

③ 内径代号。通俗点讲，就是表示轴承内径的大小，具体代号及相关含义见表8-4。

④ 基本代号组成规则。当轴承类型代号用字母表示时，编排时应与表示轴承尺寸系列代号、内径代号或安装配合特征尺寸的数字之间空半个汉字的距离。

例如：N 2324　UC 201

表 8-3 轴承尺寸系列代号

直径系列代号	向心轴承								推力轴承			
	宽度系列代号								高度系列代号			
	8	0	1	2	3	4	5	6	7	9	1	2
	尺寸系列代号											
7			17			37						
8		08	18	28	38	48	58	68				
9		09	19	29	39	49	59	69				
0		00	10	20	30	40	50	60	70	90	10	
1		01	11	21	31	41	51	61	71	91	11	
2	82	02	12	22	32	42	52	62	72	92	12	22
3	83	03	13	23	33				73	93	13	23
4		04		24					74	94	14	24
5										95		

表 8-4 轴承内径代号

轴承公称内径		内径代号	举例
0.6 ～ 10 非整数		用公称内径毫米数直接表示，与尺寸系列代号间用 "/" 分开	深沟球轴承 618/2.5 D=2.5mm
1 ～ 9 整数		用公称内径毫米数直接表示，对深沟球轴承及角接触球轴承 7、8、9 直径系列，内径与尺寸系列代号间用 "/" 分开	深沟球轴承 625 618/5 D=5mm
10 ～ 17	10	00	深沟球轴承 6200 D=10mm
	12	01	
	15	02	
	17	03	
20 ～ 480（22、28、32 除外）		内径除以 5 的商，商数为个位数需在商左边加 "0"	调心滚子轴承 22208 D=40mm
≥ 500 以及 22、28、32		用公称内径毫米数直接表示，与尺寸系列代号间用 "/" 分开	调心滚子轴承 230/500 D=500mm

轴承举例：

[例 1]　6204　　　6　2　04

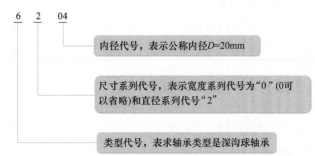

内径代号，表示公称内径 D=20mm

尺寸系列代号，表示宽度系列代号为 "0" (0可以省略)和直径系列代号 "2"

类型代号，表求轴承类型是深沟球轴承

[例2] 22324   2   23   24

> 内径代号，表示公称内径*D*=120mm

> 尺寸系列代号，表示宽度系列代号为"2"和直径系列代号"3"

> 类型代号，表求轴承类型是调心滚子轴承

[例3] N 2210   N   22   10

> 内径代号，表示公称内径*D*=50mm

> 尺寸系列代号，表示宽度系列代号为"2"和直径系列代号"2"

> 类型代号，表求轴承类型是圆柱滚子轴承

8.4 常见螺纹模设计方式

由于各公司设计模具的经验、习惯、侧重点不同，对于螺纹产品的做法也不一样。目前行业内最常见的有四种做法：油缸加齿条驱动脱模、马达加链条驱动脱模、齿条加锥度齿轮脱模、来福杆脱模。

油缸加齿条驱动和马达加链条驱动，这两种结构由于局限性相对较小，其使用频率较另两种方式要多一些。无论是前、后模退螺纹，还是滑块上退螺纹，这两种方法都可以使用。

8.4.1 油缸加齿条形式

油缸加齿条的形式在螺纹产品上用得相对较多，该种做法可以有效地控制产品上螺纹的起始点，且运动安全、可靠，模具稳定性较好，精度较高。

如图 8-8 产品，直径 36mm 左右，产品螺纹 4.6 圈，螺距 1.31mm。该产品是相机前的一个调节圈，对螺纹的起始点要求比较高，因此考虑用油缸加齿条的形式驱动螺纹芯子，如图 8-9 所示。

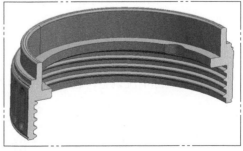

图 8-8 螺纹产品图

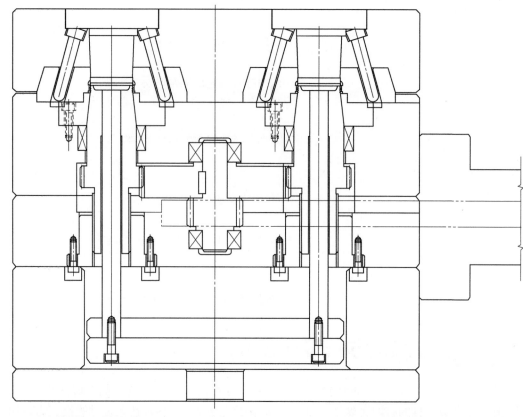

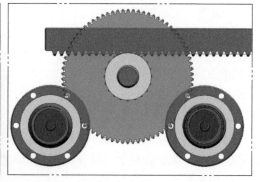

图 8-9　油缸加齿条形式

动作原理：

　　模具完全打开后，油缸拉动齿条，齿条带动主齿轮旋转，主齿轮带动从动齿轮，使螺纹芯子转动，在螺纹套的作用下，螺纹芯子后退，直至完全退出产品。齿轮关系如图8-10所示。

　　合模前，油缸推动齿条，驱使螺纹芯子回位。待螺纹芯子完全回位后，模具再合模。合模顺序可根据模具实际情况调整，也可等A、B板合完模之后，螺纹芯子再回位。

设计规范

　　① 设计前，先测量出产品的螺距，再算出螺纹圈数，如图8-3中，螺纹的圈数等于螺纹长度除以螺距，即：螺纹圈数 = L/P。

② 根据产品尺寸确定出螺纹芯子尺寸和从动齿轮大小。如图 8-10 所示，先确定直径 A 的值和角度 α 的值，然后再确定从动齿轮的大小。

从动齿轮的尺寸大小直接影响到模具布局的大小，因此，从动齿轮应尽可能小，标准为齿根圆稍大于螺纹芯子直径 A 即可。

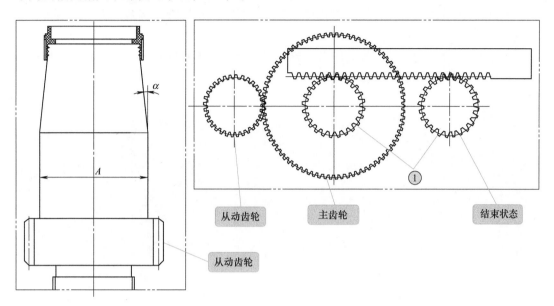

从动齿轮   主齿轮   结束状态

从动齿轮

图 8-10　齿轮传动图

③ 根据所得数据，假定齿轮传动比。传动比的取值根据产品直径和螺纹长度的不同而不一样，一般取值在 1 ~ 4 之间，除小产品外，传动比尽量不超过 1:3；直径小于 16mm 的小产品，传动比可使用 1:6。用假定的传动比计算出齿条所需配合行程的长度，一般情况下，配合长度在 200 ~ 400mm 之间较合适，尽量不要超过 500mm。设计时，尽量在这两者之间取值。

模具上所讲的传动比，通常指主齿轮分度圆与从动齿轮分度圆之比。

例如，假定传动比为 1:3；计算出来的齿条配合行程长度为 260mm。那么，可适当减小传动比，增加齿条的长度。

④ 齿条的配合行程，即图 8-10 中，驱动①号齿轮转动到结束状态时，齿条的实际运动距离。其计算方式为：根据传动比，计算出主齿轮所需转动的圈数，再以此圈数值乘以①号齿轮分度圆的周长，其结果便是齿条所需的配合行程。

［例 4］　假如产品螺纹有 5.2 圈，传动比为 1:2，①号齿轮分度圆周长大约为 163mm。求齿条所需的配合长度。

模具设计时，螺纹芯子实际转动圈数应在产品螺纹圈数上加 0.5 ~ 1 圈，以确保能完全退出。

根据上述已知值，得出齿条所需配合长度为：$(5.2+0.5) \div 2 \times 163 = 464.55$（mm）。四舍五入，最终取值为 465mm。

⑤ 定好传动比及齿条长度后，应确定好旋转方向，以确认齿轮和齿条摆放位置。为方便生产及上下模具，齿条应尽量摆放在天侧。

⑥ 因油缸的推力要大于拉力，故退牙时，应使用油缸推动齿条；回位时，使用油缸

拉动齿条。

⑦ 为保证强度，从动齿轮的模数小于 2 时，①号齿轮的模数不能低于 2；从动齿轮的模数大于 2 时，视产品大小和模具穴数而定，①号齿轮的模数可与从动齿轮模数相等，也可大于从动齿轮模数。

⑧ 模具设计时，若不使用标准齿轮齿条，可按实际情况选择齿数，齿轮与齿条可线切割加工。

⑨ 为保证模具稳定性，齿条应做好导向和避空，如图 8-11 所示。齿条背面与模板之间应避空，靠两个小压块导向即可。

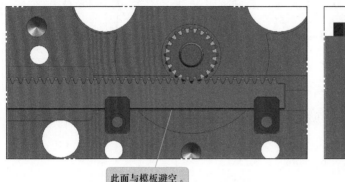
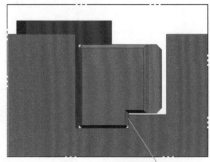

此面与模板避空。 此面不能避空。

图 8-11 齿条设计

⑩ 螺纹芯子底部与青铜套配合的导向螺纹，应与顶部胶位螺纹的螺距方向相同，即两者需同步，否则模具不能实现，如图 8-12 所示。

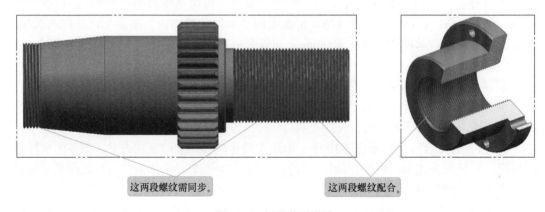

这两段螺纹需同步。 这两段螺纹配合。

图 8-12 螺纹芯子设计

⑪ 为方便装模和配模，青铜螺纹套的外径应大于螺纹芯子齿轮的齿顶圆直径。

⑫ 螺纹芯子上的轴承应使用滚针轴承或直线运动轴承，当螺纹芯子后退到底时，需保证螺纹芯子与轴承的配合高度不低于轴承总高度的 1/2。

⑬ 当螺纹芯子较小，没有相匹配的轴承供使用时，可使用青铜套代替。

⑭ 主齿轮位置推荐使用圆锥滚子轴承，该轴承可承受一定的径向和轴向载荷，对同轴度的要求相对低一些。有些公司使用深沟球轴承，该轴承主要承受径向载荷，对同轴度的要求相对较高。

⑮ 螺纹芯子底部与青铜套配合的螺纹起传导作用，使用粗牙螺纹较合适。

⑯ 为防止卡滞，增加强度，各齿轮的齿顶和齿根的角处应增加 R 角。

⑰ 为保证加工准确，螺纹芯子应配好模之后，再加工模板上青铜套的螺钉孔，以防止螺钉孔偏位。

8.4.2 马达加链条形式

马达加链条的形式用于产品对螺纹的起始点无要求，产品螺纹圈数较多，螺纹较粗时。该做法模具空间占用率比油缸加齿条的形式要少，产品排位可以相对紧凑，模具厚度相对要薄。

如图8-13所示，产品是一瓶盖，下面是一圈防盗环。模具要求1×8穴，全自动生产。

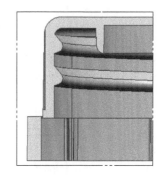

图 8-13 瓶盖产品图

产品下面的防盗环与产品的连接点胶位较薄，所能承受的力量有限，所以，产品不能靠防盗环止转，需在里面加一圈止转槽。产品螺纹完全脱离后，必须要顶出，使防盗环的这一圈胶位与模仁脱离，产品才能达到全自动生产的目的。

动作原理：

模具打开一段后，马达带动主齿轮旋转，主齿轮带动从动齿轮使螺纹芯子转动。螺纹芯子转动的同时，在弹簧的作用下，推板2推动产品脱模，待螺纹芯子完全退出产品后，推板2停止推动，马达停止转动。模具继续打开，开闭器拉动推板1，使产品从后模芯子上被完全推出。如图8-14所示。

合模时，各板靠模具直接压回即可，马达无需任何动作。

由于该套模具布局的影响，选择了前模拉出推板1，实际设计过程中，可根据模具实际情况，选择合适的驱动方式。

设计规范

① 设计时，先确定螺纹芯子和从动齿轮的大小，可参考前一节内容。

② 当这两个尺寸定好之后，即可根据穴数要求开始排位。由于此结构不用担心旋转圈数，为降低马达的瞬间启动力，尽量选择较小的传动比。一般取值范围在 0.25 ～ 1 之间。

③ 测量出产品螺纹的长度，以确定推板2的开模行程，以此行程计算出弹簧的长度。由于该结构推板2是靠弹簧顶住开模，若弹力过大，产品螺纹尾部易被拉伤，或螺纹退至将要结束时，产品被弹飞。

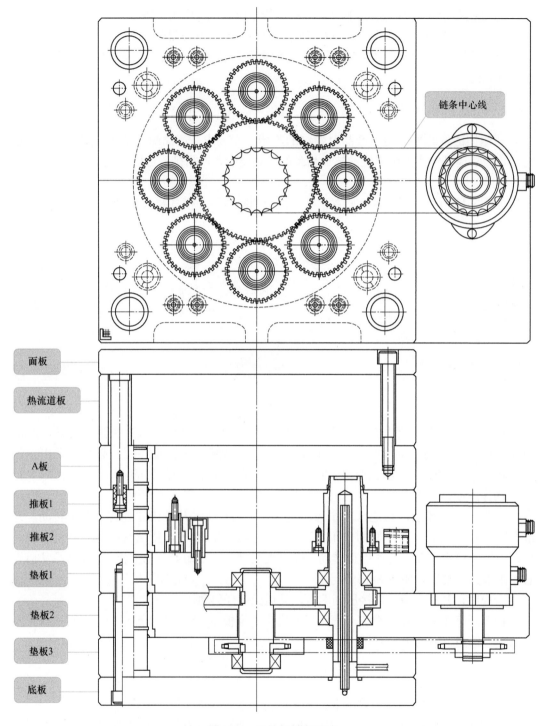

图 8-14 马达加链条形式

　　而模具的平衡度和模板活动的顺畅度等又直接影响到所需弹力的大小，因此，此处的弹簧应根据模具最终情况进行调整，模具设计时，可设计调整垫圈和螺钉，以方便钳工调整。

　　④ 某些公司对螺纹芯子的冷却要求不是特别严格时，螺纹芯子可不做冷却。若要

求螺纹芯子上必须做冷却水时，芯子与模板之间，最好使用端面密封，尽量不使用侧面密封。

⑤ 马达上链轮的分度圆直径应小于或等于主齿轮上链轮的分度圆直径。

⑥ 若产品穴数较多，芯子间需要更好的顺畅度，可用推力轴承与深沟球轴承配合使用。但该做法模具空间占用较大。

8.4.3　来福杆形式

来福杆形式（图 8-15）跟油缸加齿条的形式在结构设计上类似，区别在于将驱动方式换成来福杆。由于来福杆做在模具内部，模具外侧则无其他多余的零件，因此，在模具空间上要优于油缸加齿条的形式。

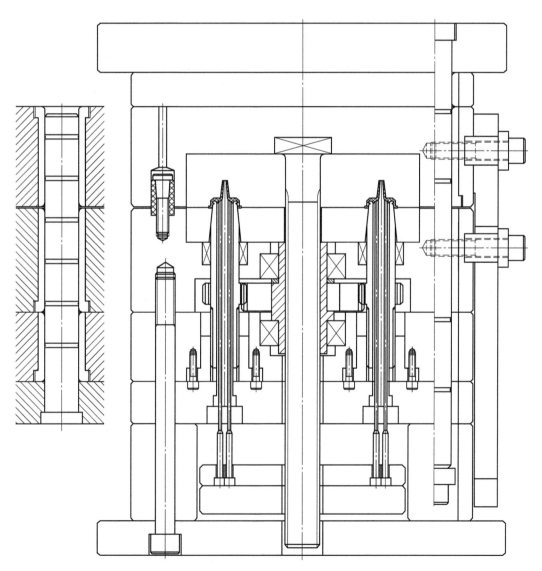

图 8-15　来福杆形式

来福杆驱动的方式，基本上也是采用芯子进退方式脱螺纹，所以，对于产品螺纹质量来说，与油缸加齿条的方式不相上下。

由于来福杆价格较贵，设计局限性较油缸加齿条形式大，故在国内的模具上较少使用该做法。

动作原理：

前后模开模的同时，来福杆带动来福螺母旋转，螺母上的主齿轮带动螺钉芯子旋转，在青铜螺纹套的导向下，螺纹芯子后退，直至完全退出产品，开模完成。然后，产品被顶出。

合模的同时，来福杆驱动来福螺母旋转，使螺纹芯子回位。

设计规范

① 螺纹芯子及从动齿轮部分的设计可参考油缸加齿条部分所讲内容。

② 从动齿轮设计好之后，根据螺纹芯子所需转动圈数，确定传动比和来福杆长度。如确定齿条长度一样，这两者需同时进行，以选取合适的值。传动比的取值可参考油缸加齿条的形式。

③ 模具完全打开后，来福杆不可完全脱离来福线螺母，最低需保证螺母长度的1/3仍然连接在一起。所以，A、B 板之间应做开模限位。

④ 来福杆分为左转牙和右转牙两种形式，订购时，需注明方向。选择时，可根据供应商提供的资料进行选取。

⑤ 其他设计规范请参考油缸加齿条部分所讲内容。

圆弧抽芯结构和包胶模具

圆弧抽芯在模具中是一种特殊的结构，该结构是靠圆弧芯子旋转，以达到脱模的目的。圆弧芯子旋转的驱动方式有许多种，如靠油缸直接拉动、靠齿轮齿条带动、靠电机驱动等。

从圆弧滑块导向来说，有靠旋转轴心导向、靠圆弧轨道或压条导向。

因各公司习惯和产品圆弧大小不同，其结构方式较多。但万变不离其宗，设计思路和方式并没多大区别。

9.1　轴旋转式圆弧抽芯

轴旋转式圆弧抽芯是指在产品圆弧的中心点处设计一旋转轴，圆弧芯子以此旋转轴为中心旋转。该种结构可以用油缸直接拉动脱模，也可以用齿条驱动脱模。

轴旋转式圆弧抽芯多用于产品圆弧半径较小、空间较少的情况。

如图 9-1 所示产品的一侧有一个圆弧形倒扣，该圆弧倒扣半径较小，且处于后模的位置，由于圆弧半径太小，做滑块空间不够。因此，考虑直接做旋转块的方式，以轴旋转脱模。

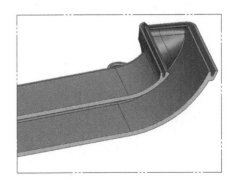

图 9-1　圆弧形倒扣产品图

如图 9-2 所示，模具中间做一旋转镶件，靠齿条推动镶件开模，合模时，靠齿条拉回。由于旋转镶件全部埋在模仁里面，为了便于加工和安装，模仁分为左右两块。装模时，旋转镶件装到模仁里面后，把两块模仁用螺钉锁好，再一同放入 B 板。

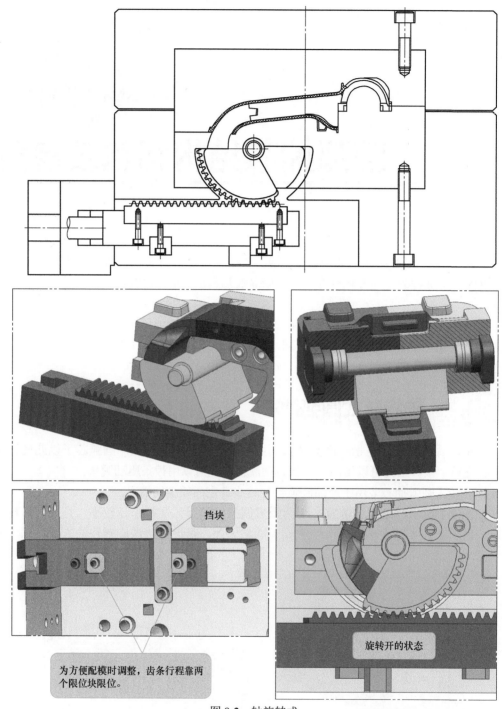

挡块

为方便配模时调整，齿条行程靠两
个限位块限位。

旋转开的状态

图 9-2　轴旋转式

动作原理：

开模时，油缸推动齿条，齿条驱动旋转镶件上的齿轮，使镶件旋转。当齿条上的限位块碰到挡块时，油缸停止推动，旋转镶件与产品脱离，镶件运动结束，产品再顶出，完成开模动作。

合模时，油缸拉动齿条，齿条带动镶件旋转回位。

① 任何圆弧结构的产品，拿到手里之后，应先找到圆弧中心。有些产品质量较好，边线的圆心即是圆弧中心；或客户提供的全参数产品，图纸里有圆弧线；而有些产品，则很难找到这样的线条。

下面介绍一种寻找产品圆弧中心线的方法。

首先抽取产品内侧圆弧面，如图 9-3 所示。

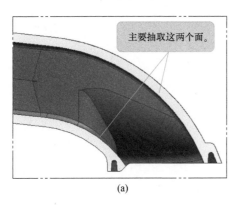
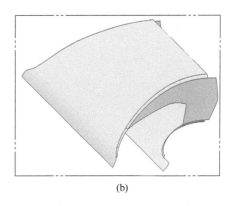

（a）　　　　　　　　　　　　　　　　（b）

图 9-3　产品内侧圆弧面

然后，以垂直于圆弧面中心轴向的面与弧面生成两条相交线，或把弧面切开也行，如图 9-4（a）上的两条红色线条。再用 3 点画圆命令，在两条红色线条上各选取 3 个点，画出两个圆。测量两个圆的圆心，如果是同心圆，那么，该圆的圆心便是旋转中心，如图 9-4（b）视图的两个圆。同时，这也说明，该产品圆弧段在脱模方向无斜度。

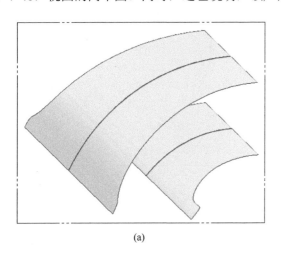
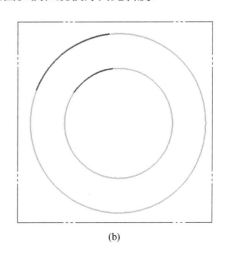

（a）　　　　　　　　　　　　　　　　（b）

图 9-4　新生成的圆

有些产品，在脱模方向有斜度时，两条红线生成的圆则不同心，如图 9-5（a）所示，产品红色圆的圆心位置在产品红色的点处；绿色圆的圆心在绿色点处。以两个圆的圆心画一条直线，以直线的中心画三条直线与两条红线相交，如图 9-5（b）所示。

修剪掉多余的部分，以此三条直线的中点画圆，如图 9-6（a）所示蓝色圆。再以蓝色圆的圆心及两红色线小头的端点画圆。两条红色线的开口和新生成的两圆相比逐渐变大。这就说明，以该圆的圆心为旋转点可以脱模，且产品在脱模方向有脱模斜度，如图9-6（b）所示。

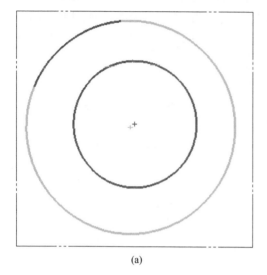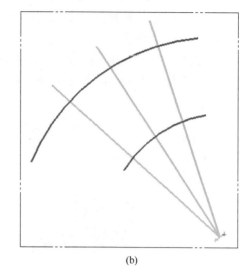

(a)　　　　　　　　　　　　　　(b)

图 9-5　构建曲线

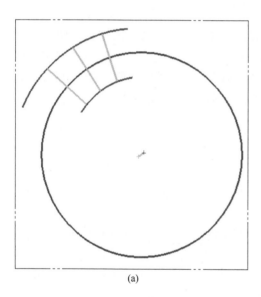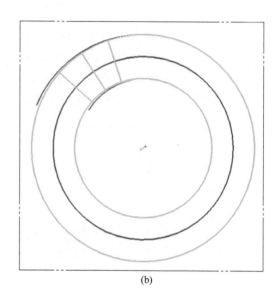

(a)　　　　　　　　　　　　　　(b)

图 9-6　寻找圆心

② 确定好产品的旋转中心后，需确定产品圆弧段是否有脱模斜度。很多时候，客户一开始提供的产品此处是没有斜度的。

③ 拆出圆弧镶件，并模拟出所需的旋转角度。因在模具上需让出旋转空间，可能会导致模具单薄、强度不够的情况。此时，应根据模具实际情况，调整旋转镶件的尺寸及形状，均衡模具各尺寸值。

④ 根据圆弧段成型面积的大小，确定圆弧镶件的锁模方式。对于成型面积小的圆弧镶件，直接靠齿条拉回后，油缸的自锁力即可锁住。对于成型面较大的，可从侧面增加锁模块，以防止注塑时镶件被打退。

⑤ 圆弧镶件左右两侧的轴用于与轴承连接。因此，需注意该轴的同轴度，加工时应排好加工工艺，防止两端不同心。

⑥ 齿条安装时，从 B 板底部装入后，锁上限位块。模具设计时，应注意其安装方式。

9.2 连杆带动式圆弧抽芯（一）

连杆带动式圆弧抽芯是指油缸与滑块间用连杆连接，开模时，油缸拉动连杆，带动滑块出模，如图 9-7 所示。

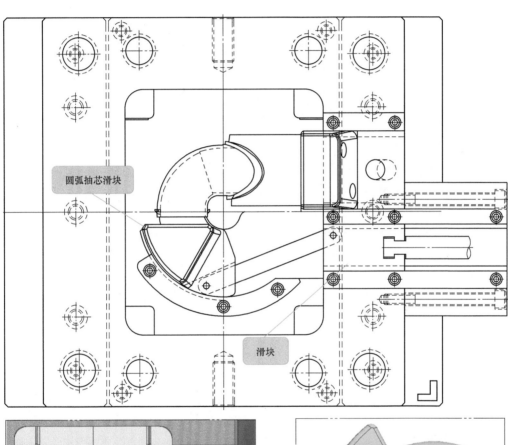

圆弧抽芯滑块

滑块

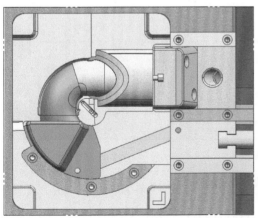

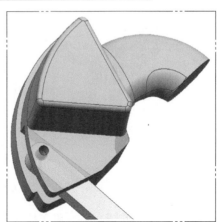

图 9-7 连杆带动式圆弧抽芯（一）

凡圆弧抽芯的产品，圆弧抽芯能做在侧面，绝对不考虑做在前后模的方向。因为做在前后模侧，不仅使模具结构变得复杂，还影响厚度和布局。

由于图 9-7 所示产品圆弧半径较小，滑块内侧不够空间做压条，故考虑做单边压条的形式。

动作原理：

由于滑块与圆弧抽芯滑块之间有连杆连接，开模时，油缸拉动滑块，同时滑块带动圆弧抽芯滑块后退，直至完全退出，然后顶出产品。

合模前，油缸先推动滑块回位，待滑块与圆弧抽芯滑块回位后，前后模再合模。

▪ 设计规范

① 若产品圆弧的半径较大，则滑块必须做两边压条。图 9-8 中是因为内侧空间不足，不得已才做单边压条。

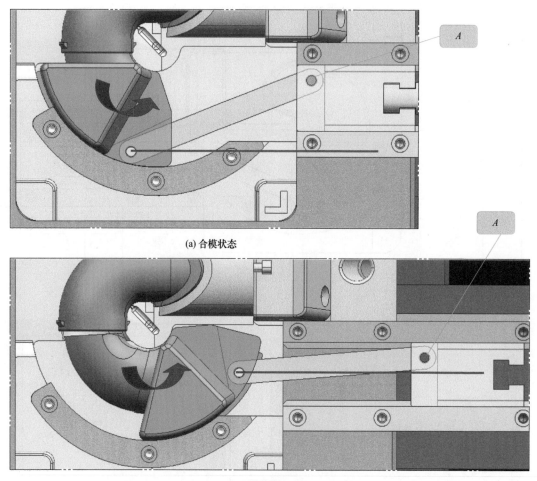

(a) 合模状态

(b) 开模状态

图 9-8　滑块开合模状态

② 压条弧形的圆心必须跟产品弧形的圆心保持同心，否则模具结构上不能实现。

③ 连接杆的设计应遵循偏向抽芯方向的原则，滑块在开模状态下，圆弧抽芯滑块完

全脱离产品时，连接杆仍然保持偏向抽芯方向。

如图 9-8 所示，无论是合模状态，还是开模状态下，连杆都是斜向滑块旋转的方向。以连接杆在圆弧抽芯滑块上的旋转点画一条直线（图中红色线条），连接杆在滑块上的旋转点（*A* 点），相对于红色线条来说，永远偏向于圆弧抽芯开模方向的一侧。

④ 整个运动过程中，连接杆处于摆动状态，故设计时，连接杆周围的避空位应大于它摆动时所需的空间。在图 9-8 上，连接杆合模时的位置和开模时的位置定好之后，两个位置中间的部分应该全部切掉。

⑤ 设计时，应考虑好各滑块和连接杆之间在模具上的安装方式。

9.3 连杆带动式圆弧抽芯（二）

这种方式是由连接杆的方式演变而来，在某些情况下，比连接杆的方式更加简单方便，更加可靠。

如图 9-9 所示产品的圆弧段半径比 9.2 节所讲案例的圆弧半径要大。圆弧越大，空间局限性就越小，模具设计时自由度越高。

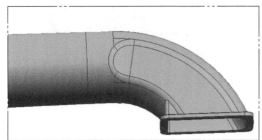 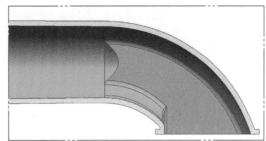

图 9-9 连杆带动式圆弧抽芯产品图

如图 9-10 所示，该模具在圆弧抽芯滑块上装上一个圆轴，圆轴下面与拨块配合。油缸驱动拨块，拨块带动滑块进退。

动作原理：

如图 9-10 所示，开模时，油缸推动拨块，拨块带动圆弧抽芯滑块脱模，待滑块完全退开后，油缸停止推动。

合模前，油缸拉动圆弧抽芯滑块回位后，模具再合模。

设计规范

① 圆弧抽芯滑块处的设计规范请参考本章前面案例所讲内容。

② 为保证模板强度，拨块不可做得过大，拨块导向槽可在模板上直接线割出来。为防止滑块圆轴处受力过大，圆弧抽芯滑块的行程应由拨块来限制，如图 9-11 所示。

滑块开模时，油缸推动拨块至限位块处，则滑块完全脱离产品。此时，受力点在拨块与限位块上，而不在滑块圆轴上。回位时，油缸拉动拨块完全回到底，则滑块完全回到位。

③ 很多国内模具的压条不做定位销。对于圆弧抽芯滑块来说，滑块两侧弧形压条必须做定位销。

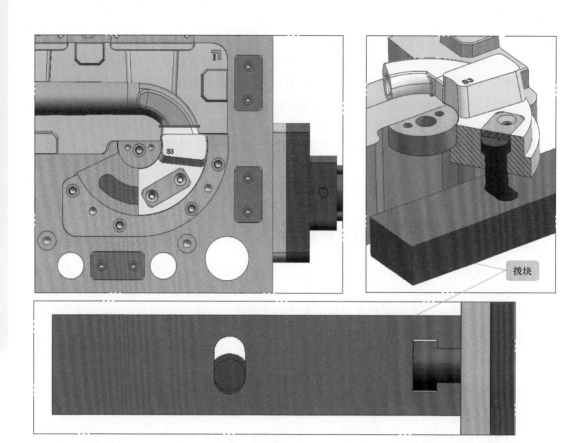

图 9-10　连杆带动式圆弧抽芯（二）

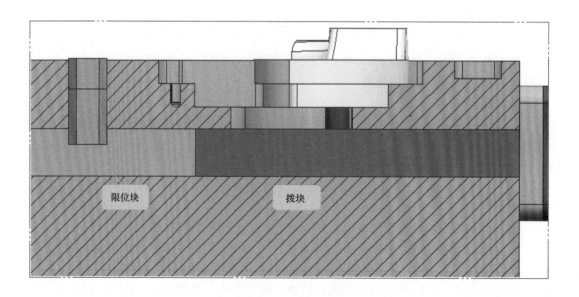

图 9-11　限位示意图

　　④ 为增加模具强度，圆轴在模板上的避空位置可按其运动轨迹做成圆弧状，如图 9-12 所示。

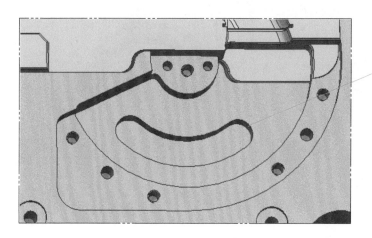

图 9-12　圆轴避空示意图

9.4　包胶模具

　　包胶模具指生产由两种或两种以上的材料所组成产品的模具。包胶模具分为两次包胶和多次包胶，最常见的是两次包胶。

　　包胶模具的做法有两种：一种是在专用注塑机上成型，产品从注塑机上拿出来时即是成品，不用再放入其他模具注塑；另一种是在普通注塑机上生产出来的产品，再放入其他模具里注塑，经过两次或两次以上的组合注塑，最终才得到所需产品。后者在行业内称为套啤模。

　　双色模则是将两种不同的材料在双色注塑机上生成完成，产品从注塑机上拿出来时即是成品。

　　可以理解为双色模和套啤模不过是不同做法的包胶模。双色模产品只能由两种材料组成；套啤模可以由两种或两种以上材料组成。

　　包胶模具产品一般可分为硬胶包硬胶、软胶包硬胶等。

　　① 硬胶包硬胶。多用在一些有特殊要求或功能的产品上，比如要求某个产品局部透明。

　　② 软胶包硬胶。这个比较常见，多用于装饰或具有某些功能性要求的位置，比如防滑、指示等。

9.4.1　套啤模

　　由于套啤模是把做好的产品再放入其他模具进行注塑，在这个过程中，产品有可能出现不能被准确地放到指定位置，合模时产品被压伤，或产品运送过程中出现损伤等问题。因此，其良品率和生产效率均相对较低。但因产品结构、模具价格等一系列因素的影响，该做法在行业内比较普遍。

　　如图 9-13 所示产品，左侧是硬胶部分，右侧是整个成品的形状，产品中间位置有一段软胶。该产品由于整个弯钩部分都是外观。若做双色模，产品上必须要多出两条分型线，且模具必须做成整体式双色模，靠轴心带动产品起跳，以达到更换前后模仁的目的。从多方面考虑，该产品做套啤模相对适合一些。

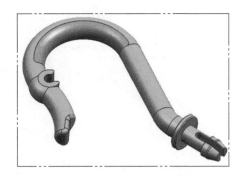

图 9-13　套啤模产品图

设计规范

① 硬胶部分按照常规的模具设计即可。

② 由于硬胶产品要放入模具二次注塑，因此，软胶模具上必须设计好产品放入时的定位，以便产品能准确地放到指定位置，避免产品被压伤。图 9-14 所示套啤模靠外形定位。

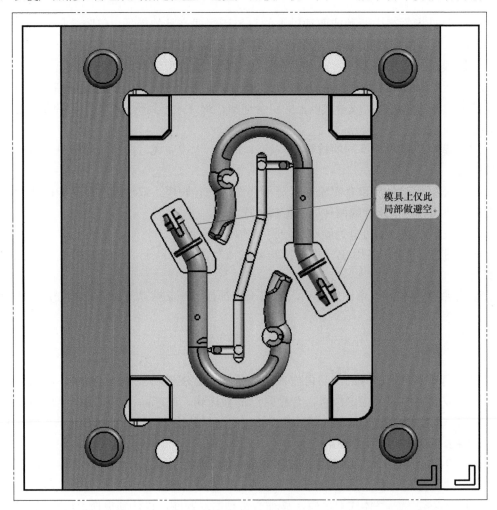

模具上仅此局部做避空。

图 9-14　套啤模

③ 软胶模具，除了产品放入模具的定位面和封胶面之外，其他的位置均应该避空。图 9-14 中，产品外形除了定位作用外，还起封胶作用，故整个钩子部分均没避空，尾部做了部分避空。

④ 软胶模具设计时不能放缩水。因硬胶产品在放入软胶模具时，已经缩回至产品实际状态。

⑤ 硬胶的浇口可选择在软胶覆盖处，在二次注塑后，被软胶覆盖，不影响产品外观。

⑥ 对于机壳类产品包胶，封胶面在设计时，模具上应留出 0.2mm 与产品干涉，以确保封胶面能完全被压实，如图 9-15 所示。

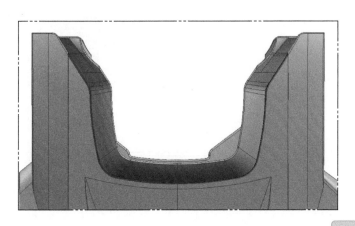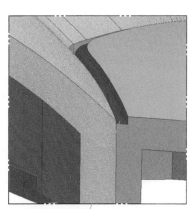

模具上与该面的配合面干涉 0.2mm。

图 9-15　硬胶封胶面

9.4.2　双色模

双色模大体分为整体式和分体式两种，这两种不同的形式，做法完全不一样。

整体式双色模只有一套模具，模具里面分为硬胶部分和软胶部分；分体式双色模由两套模具组成，两套模具的后模完全一样，前模分为硬胶部分和包胶部分。

分体式双色模，两套模具可分开同时加工，从加工时间上来讲，比整体式的要稍微快一些。从注塑机上模来说，整体式比分体式要方便一些。

若在注塑机上，两个模具摆放的位置较开，模具与模具中间间隙较大时，则做成分体式双色模较合适。若两套模具放在注塑机上，中间间隙很近，或者贴在一起，或者干涉，这时候应选择整体式。

9.4.2.1　分体式双色模

分体式双色模由两套模具组成，两套模具的后模部分完全一样，模具注塑成型后，后模部分旋转 180°进行二次注塑。待二次注塑完成后，顶出产品。如图 9-16 所示。

由于二次注塑之前，产品一直停留在模具上面，第一模注塑完成后，产品缩不回去。因此，模具设计时，产品硬胶和软胶应一起放缩水，取值以硬胶的缩水值为准。

如图 9-17 所示产品，图 9-17（a）是该产品的硬胶部分，图 9-17（b）是成品，在硬胶上有一层软胶覆盖。整个软胶覆盖的面全是外观面，因此，该产品软胶部分只能考虑潜伏或牛角浇口。

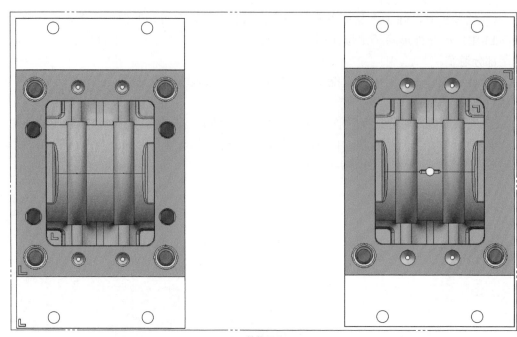

(a) 前模部分

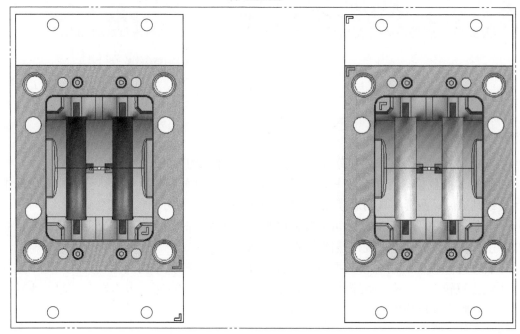

(b) 后模部分

图 9-16　分体式双色模

而对于硬胶部分来讲，由于整个大面有软胶覆盖，因此，可考虑点浇口直接点在产品上，如图 9-18 所示。

动作原理：

双色模具硬胶和软胶都是同时注塑。当硬胶注塑完成后，模具打开，后模旋转 180°后，合模进行软胶部分的二次注塑。同时，硬胶部分进入下一模的注塑。

当软胶部分注塑完成后，产品最终成型。开模顶出产品，进入下一模硬胶的注塑。模具周而复始循环生产。

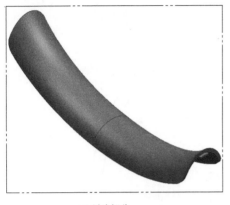
(a) 硬胶部分

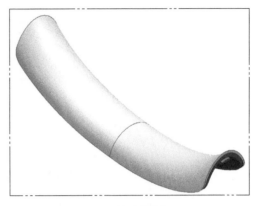
(b) 成品部分

图 9-17　分体式双色模产品图

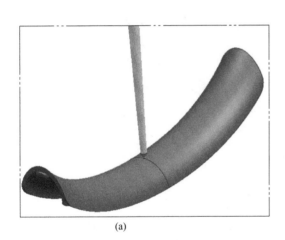
(a)

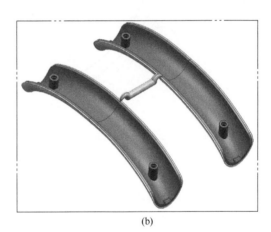
(b)

图 9-18　进胶示意图

■ 设计规范

①　产品拿到手里之后，首先应确定客户所用的双色机规格。一般的公司，双色机的配备数量偏少。因此，需根据客户所提供的机器来设计模具。

确定好注塑机大小后，先把机器的转盘尺寸调出来，设计时以此数据为基础，如图 9-19 所示。由于客户公司最小的注塑机就是该型号，虽然模具摆在上面显得较小，也只得选用该机器生产。

②　选好机器之后，对产品进行排位，模具最大外形最好不超过转盘的大小，极限是格林柱的位置，即图 9-19 中红色圆的位置。若模具结构需要，难以放入机器时，应跟客户商量，更换其他型号注塑机。

③　根据整个产品的结构，确定模具结构和做法，然后再对硬胶部分进行设计。待硬胶部分整体布局设计完成之后，再做软胶布局。整个模具结构布局确定之后，再对硬胶部

分进行详细设计。待硬胶部分设计完成后，再设计软胶部分。

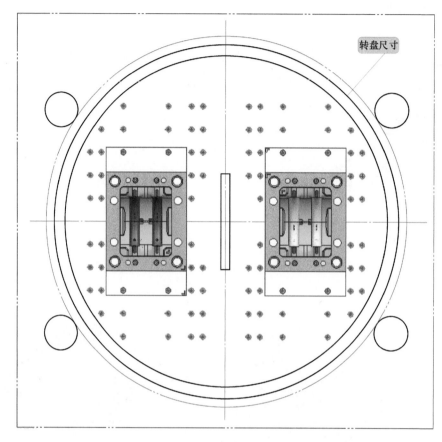

图 9-19　模具排位图

④ 两套模具的总厚度应保持一致，在订购模架时需注明要求。

⑤ 浇注系统的设计非常重要，由于第一次硬胶注塑成型之后，产品不用顶出。所以，若硬胶部分采用大水口进胶，则在软胶前模处应做硬胶水口的避空。硬胶主流道越长，其避空位越大。设计时需考虑软胶对应位置是否有足够的空间。

若硬胶和软胶均采用大水口进胶，则两者需错开进胶位置，可考虑热流道或细水口转大水口；若硬胶采用细水口进胶，则浇注系统设计要自由得多。

⑥ 若产品硬胶侧面倒扣需要封胶，做后模滑块和后模斜顶均可以脱模时，应考虑做后模斜顶。因滑块会跟随模具开模而打开，在二次注塑时，跟随合模而回位，滑块回位时容易压伤产品。若做斜顶，如图 9-20（a）中红色圈中位置，则可以在二次注塑完成之后，一起顶出脱模，降低了压伤产品的风险。

⑦ 当产品硬胶侧面需要封胶时，若产品斜度较小，应考虑做前模斜弹或斜顶，以防止二次注塑时压伤。或封胶不到位，则会导致硬胶封胶处飞边。

如图 9-20（b）所示，产品侧面部分包胶，产品本身没倒扣，考虑到二次注塑时压伤或封胶不到位，此产品侧面做前模斜弹或斜顶，以预防此风险。

⑧ 为方便模具固定到注塑机上，双色模多采用天地侧码模、螺钉锁紧的方式，如图 9-19 所示。在注塑机对应的螺钉孔位置，模板上做好螺钉过孔。若模板不够长，则增加面

板和底板的长度。

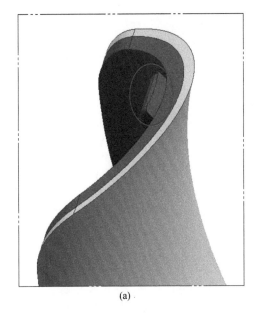
(a)

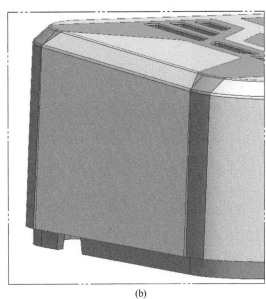
(b)

图 9-20　需封胶产品图

⑨ 大产品局部包胶，封胶面处模具上应留出 1mm 宽与产品干涉 0.2mm，以保证封胶牢靠，该面与旁边面做弧面过渡。如图 9-21 所示，红色位置为软胶的封胶面。

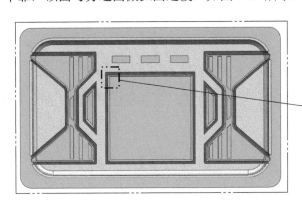

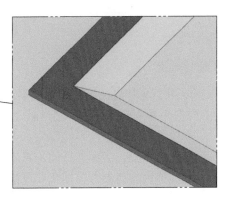

图 9-21　封胶位示意图

⑩ 顶针底板上，顶棍孔中心对应的位置，应按注塑机要求，在顶针底板上攻上对应的牙，用于安装顶出过渡杆。或模具上直接安装好顶出介子，如图 9-23（b）所示。

⑪ 双色模不能做强制拉回，若涉及顶出针板需要先复位时，模具应使用机械式先复位机构。

9.4.2.2　整体式双色模

整体式与分体式总体来说没太大区别，其设计方式都差不多，类似于两套模具合并在一起，如图 9-22 所示。

该产品由于结构和尺寸影响，若做成两套模具，指定型号的注塑机难以放入。因此，模具合并为一套模具，其动作原理跟两套模具一样。

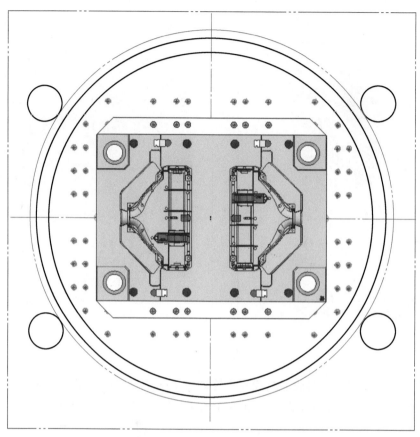

图 9-22　模具排位图

设计规范

① 由于两套浇注系统和顶出系统均在同一套模具上面，且必须独立存在，因此，模具上应把两者分开，如图 9-23（a）所示。

② 模具基准角导柱不能偏位，否则旋转 180° 后合不上模。

③ 除运水外，后模部分的左右两侧应完全一样。

④ 其他内容请参考分体式双色模的相关讲解。

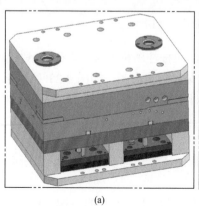

(a)

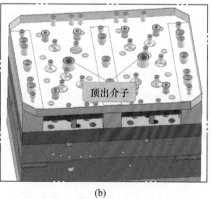

顶出介子

(b)

图 9-23　整体式双色模